|NbS|

基于自然的
解决方案
研究与实践

大自然保护协会 / 编著

U0251606

Nature-based
Solutions
Research and Practice

中国环境出版集团·北京

图书在版编目（CIP）数据

基于自然的解决方案：研究与实践 / 大自然保护协
会编著. -- 北京：中国环境出版集团，2021.3（2022.8重印）
ISBN 978-7-5111-4642-7

Ⅰ. ①基… Ⅱ. ①大… Ⅲ. ①气候变化－研究－世界
Ⅳ. ①P467

中国版本图书馆CIP数据核字(2021)第049803号

出 版 人 武德凯
责任编辑 田 怡
责任校对 薄军霞
装帧设计 彭 杉

出版发行 中国环境出版集团
　　　　　（100062 北京市东城区广渠门内大街16号）
　　　　　网　　　址：http://www.cesp.com.cn
　　　　　电子邮箱：bjgl@cesp.com.cn
　　　　　联系电话：010-67112765（编辑管理部）
　　　　　发行热线：010-67125803 010-67113405（传真）
印　　刷 北京中科印刷有限公司
经　　销 各地新华书店
版　　次 2021年3月第1版
印　　次 2022年8月第2次印刷
开　　本 787×1092 1/16
印　　张 17.75
字　　数 286千字
定　　价 98.00元

中国环境出版集团郑重承诺：
中国环境出版集团合作的印刷单位、材料单位均具有中国环境标识产品认证。

Scott Vaughan，

国际可持续发展研究院高级研究员、中国环境与发展国际合作委员会外方首席顾问

在应对气候变化、保护生物多样性、防治污染、支持家庭和社区发展等问题上，全世界都在面临前所未有的挑战。基于自然的解决方案（Nature-based Solutions, 以下简称 NbS）逐渐成为一种以综合性、整体性的方式应对上述多重风险的重要途径。科学已经证实各种生态系统之间紧密相连，相关国际承诺（如可持续发展目标）呼吁采取有雄心的、有包容性和整体性的行动。其中，保护自然是实现碳中和、防治水源及其他污染、增强气候适应性、支持社区和居民发展（等目标）所不可或缺的行动。

作为全球领先的自然保护组织之一，大自然保护协会（The Nature Conservancy, 以下简称 TNC）数十年来一直是全球 NbS 领域的领导者，与科学家、社区居民、企业和政府一起，针对生物多样性丧失、淡水管理、空气和水污染以及气候变化等问题共同设计和实施创新的解决方案，即采用"与自然合作"的理念以产生显著的多重效益。

《基于自然的解决方案：研究与实践》一书以 TNC 在 NbS 领域数十年来兼具开拓性、创新性、科学性的工作为基础。当前人们对 NbS 的关注度逐渐上升，本书的出版正逢其时。自从 2019 年中国和新西兰共同牵头主办了以 NbS 为主题的联合国会议后，人们的兴趣已从解释什么是 NbS（即解释其科学基础和理论内涵），逐渐深入到通过案例分享和研究如何使用 NbS 支持绿色发展、生态保护、碳中和以及循环的生态农业方法。

本书通过一系列丰富的案例来传达信息，包括 2020 年 9 月习近平总书记在联合国生物多样性峰会上"以自然之道，养万物之生"的重要声明。TNC 的工作从各个方面展示了 NbS，包括在城市中种植树木来缓解城市空气污染及气候变化导致的城市高温胁迫问题；重新引入自然排水系统以减少城市内涝；保护、修复和增加森林、草原、泥炭地以及其他自然生境，在保护生态系统多样性的同时推进中国实现碳中和的重大承诺；重新引入自然农业实践来构建可持续的食物系统；使用蓝色

债券支持新建海洋保护区的创新金融机制，为 NbS 筹集资金。

本书的核心结论之一是 NbS 的社会维度：NbS 相关的政策和实践项目，必须以人为本才能获得成功。NbS 应充分考虑并融入居住在农村、森林、渔业（等领域的）社区，城市中心以及其他地区的人。只有将社会中的人置于 NbS 的核心，才能长效地支持生计、公共健康以及更加和谐的人类福祉。

应对气候变化、自然退化和绿色复苏这三项全球重要挑战，需要急切的、颇具雄心且具创新性的行动和伙伴关系。即将在中国昆明举办的联合国生物多样性大会和将在格拉斯哥进行的对《巴黎协定》的审定工作等在内的多边议程，以及中国"十四五"规划，都强调了循环、生态和低碳经济的关键作用。NbS 将为实现这些目标发挥不可替代的作用，TNC 也将通过多年的实践工作为实现这一目标做出重要贡献。

序言原文

There has never been a more urgent need to tackle climate change, protect biodiversity, counter pollution, and support families and communities. Nature-based Solutions (NbS) are an increasingly important pathway to address these multiple risks in an integrated and holistic manner. Science confirms that ecosystems are profoundly interconnected. International commitments like the Sustainable Development Goals call for actions that are ambitious, inclusive and holistic, in which protecting nature is indispensable to reaching carbon neutrality, countering water and other pollution, enhancing climate adaptation, and supporting people and communities.

As one of the world's leading conservation organizations, The Nature Conservancy (TNC) has been a global leader in NbS for decades, bringing scientists, communities, businesses and governments together to design and implement innovative solutions to biodiversity loss, freshwater management, air and water pollution, and climate change-solutions that work with nature to design and implement solutions that bring about significant and multiple benefits.

This book on NbS has been decades in the making, drawing upon years of pioneering, innovative and scientifically based work by TNC in NbS. Its publication could be especially timely. Interest in NbS continues to grow very quickly. Since China and New Zealand co-hosted the United Nations session on the theme of NbS in 2019, interest has shifted from explaining what NbS is - their scientific foundations and theoretical concepts - to sharing applied lessons from case-studies and analysis about how they can support green development, ecological protection, carbon neutrality and circular ecological agricultural approaches.

The information in this book illustrates through a rich series of examples, including President XI Jinping's important statement in September 2020 at the UN Biodiversity Summit that "our solutions are in nature." TNC's work illustrates that solutions to both urban air pollution and urban heat-stress related to climate change includes planting trees in urban areas; solutions to reduce urban flooding include reintroducing natural drainage systems; solutions to advancing China's significant commitment to achieve carbon neutrality include protecting, restoring and increasing forests, grasslands, peat lands and other wilderness areas in ways that safeguard ecosystem diversity; solutions to sustainable food systems include reintroducing natural agricultural practices; solutions to financing NbS include using blue bonds to support a new generation of marine protected areas.

A central conclusion of this book is the social dimension of NbS: success comes when NbS policies and projects place social people - people working in farms, forests, fishing communities, living in urban centers and other landscapes - at the heart of NbS in ways that support enduring benefits to livelihoods, public health and a more harmonious notion of well-being.

Actions to address the triple global emergencies of climate change, the loss of nature and a green recovery will require urgent, ambitious and innovative partnerships. The multilateral agenda includes China's hosting of the Un Biodiversity Summit in Kunming and the review of the Paris Climate Agreement in Glasgow, while China's 14th Five-Year Plan underscores the critical role of a circular, ecological and low-carbon economy. Nature-based solutions will play an indispensable role in realizing these objectives, and this valuable contribution by The Nature Conservancy shows through years of applied work on how to get there.

Scott Vaughan

王毅
第十三届全国人大常委会委员、中国科学院科技战略咨询研究院副院长

探索生态文明时代基于自然的解决方案

近年来"基于自然的解决方案"在应对气候变化与可持续发展领域成为一个热门词语，其主要内涵就是利用更接近于自然的方式来处理人类面临的挑战。实际上，就含义本身而言，NbS 并非新的概念。在中国几千年的历史长河中，不乏"桑基鱼塘""都江堰"这些利用自然、学习自然、顺应自然并充满传统智慧的解决方案；同时也有不少与自然抗争甚至提出过"战胜自然"的理念和案例。

人类如何与自然相处一直是我们在探索的古老问题。自然对我们来说并不陌生，它每天给人类提供生存和发展所需要的空气、水、土壤等各类资源。然而，人类对自然的保护和回馈远远不及人类从自然中汲取的资源，甚至在很多方面，人类还在不断攫取和损害自然，并反过来伤及人类自身。2020 年，全球暴发的新冠肺炎疫情，让人们再次重新认识自然，更加深刻地反思人与自然应该如何相处。过去对大自然无限索取的模式，已经让人类不断在接受自然的"报复"，我们需要真正找到人与自然和谐共生的可持续发展之路。

随着社会的发展，我们需要在新的水平上理解和思考与自然的相处方式，并不断给人类的传统智慧赋予新的内涵。2008 年，世界银行在其发布的报告中明确提出 NbS，随后的十余年间，相关国际机构和学者不断就此概念进行探索和实践。世界自然保护联盟（IUCN）在 2016 年发布的《NbS 应对全球挑战》报告中系统性地阐述了 NbS 的概念和内涵，及其在应对气候变化、自然灾害、水资源危机等各类挑战中的重要作用。2017 年，大自然保护协会（TNC）在研究中指出，NbS 能够为全球实现《巴黎协定》的目标贡献约 30% 的固碳减排量，同时产生环境、社会和经济的协同效益。2019 年在纽约召开了联合国气候行动峰会，NbS 作为九个相互关联的气候行动领域之一，由中国和新西兰共同牵头构建联盟，形成政策主张和

案例汇编，有力推动了 NbS 的实践，并使 NbS 理念越来越受到国内外各界的广泛关注。新冠肺炎疫情发生后，关于新自然经济、与自然和平相处等报告"问世"，不断给 NbS 注入新的活力。

基于自然的解决方案同样与中国的生态文明理念具有包容性关系，都遵循人与自然和谐发展的核心思想。改革开放以来，中国经济高速增长，但一直秉持环境保护的初心。自 1998 年以来，中国实施大规模生态保护工程，采取退耕还林还草等措施，生态环境得到较大改善。特别是党的十八大以来，我国积极推进生态文明建设，坚持节约优先、保护优先、自然恢复为主的方针，逐步形成以"绿水青山就是金山银山"等理念为核心的习近平生态文明思想，探索并推动人与自然和谐共生的现代化进程，给 NbS 在中国落地开花奠定了坚实的思想和理论基础。

任何理念的落地，都需要在形成思想共识的同时，找到落实到领域的实践与案例基础。NbS 之所以能够很快得到各方认可，一是因为随着人类技术和管理能力的提高，NbS 可以同时应对人类面临的气候、资源、生态等一系列挑战，发挥多领域协同效应；二是许多 NbS 的方法如造林、农业养护、天然林管理等，是基于自然的理念且成本有效的，短期内减排降碳潜力显著。作为在 NbS 领域具有广泛积累和实践支撑的领衔国际组织，大自然保护协会在 NbS 的研究和推广方面起到了独特而重要的作用。

大自然保护协会的新著《基于自然的解决方案：研究与实践》是目前 NbS 领域的集大成之作。本书从 NbS 应对社会挑战出发，深入探讨了 NbS 在气候变化、生物多样性、食物系统、水资源、自然灾害、人类健康和福祉等领域的重要作用和潜力，总结凝练了各领域的 NbS 最佳实践，最后提出了"自然和经济"的可持续发展循环模式，基于自然生态系统的服务来引导社会经济可持续发展，最后再通过经济发展红利反哺自然保护。从本书中我们可以获得的重要信息是：要尊重自然、顺应自然、保护自然，从 NbS 视角去审视以往的生态保护实践，在肯定成绩的同时总结经验教训，充分推动生态文明建设，实现自然和人类社会的永续发展。

作为首本 NbS 相关的中文类书籍，本书遵循科学和实践相结合的保护方法，不仅探讨了 NbS 的概念分类及理论基础，而且提供了翔实的研究案例，深入浅出地阐述了 NbS 的最新进展及最佳实践案例，有助于关心可持续发展、应对气候变化、生物多样性保护等领域的专家和从业者系统性地了解 NbS 及其在地的保护实践。

然而，任何理念的推广都需要过程，需要理论与实践的互动检验，NbS 也不例外。NbS 这一概念的提出迄今已十年有余，目前科学研究领域对其关注度仍然不足，数据基础和效果评估不够牢固，资金机制尚难到位，多部门的良治结构也未形成。这导致了 NbS 在政策上难以主流化，在国际谈判中仍缺乏有力的科学证据支撑。结合本书观点及我个人的体会提出以下三点还需加强的工作，以期 NbS 能够在今后我国实现碳中和、保护生态环境和资源可持续利用等方面发挥更大作用。

加强针对 NbS 的科学研究与实践探索。应继续加强对 NbS 理论探究和基础科研的投入，特别是基于生态系统方法，将自上而下的理论分析与自下而上的实践经验更好地结合，明确 NbS 发展的路径和优先领域，并向可测量、可报告、可核查方向努力，为政策研究和融资奠定基础。此外，为进一步推动 NbS 在大尺度的应用和推广，鼓励多方参与合作，应开展 NbS 在应对气候变化等领域的细化研究与实践，并开展分类试点示范。

推动 NbS 成为我国环境及气候治理的主流措施。NbS 强调充分利用生态系统服务应对多重社会挑战，其所涵盖问题的复杂性和方法的系统性要求多学科交叉的研究思路及多利益相关方的广泛参与，这与解决我国环境及气候外部性问题的思路相一致。目前我国向《联合国气候变化框架公约》（UNFCCC）秘书处提交的国家自主贡献文件中，量化指标仅有森林蓄积量与 NbS 相关，而草地、农田、湿地、海洋等生态系统在环境和气候治理中的重要潜力不容小觑，应全面推动 NbS 在各类生态系统中的措施主流化工作，以期进一步提升我国环境和气候治理的协同增效。

构建基于 NbS 的治理和政策激励机制。NbS 倡导以生态为基础的系统治理，具有全局观念。目前我国与 NbS 有关的森林、草地、农田、湿地、海洋、城市等相关领域的管理职能分散在自然资源部、农业农村部、住建部、生态环境部等部委及其相关主管司局中，缺少统筹协调机制。应构建符合 NbS 特点的协同治理机制，通过明确的责任分工、协调程序和正向激励，使各部门在发挥各自专长的同时，广泛开展部门间的横向沟通协作，并促进形成更多利益相关方参与的 NbS 合作伙伴联盟。

大自然保护协会嘱我作序，不胜荣幸。作为有着 70 年生态保护工作历史的机构，大自然保护协会积累了大量的科学方法和实践经验，希望编者团队能以本书为开端，继续总结凝练过去的保护经验和方法，并吸引和鼓励更多利益相关方参与到 NbS 工作中，助力中国的生态文明建设、应对气候变化和可持续发展，讲好中国的 NbS 故事，分享中国的最佳实践经验，共同构建地球命运共同体。

马晋红

大自然保护协会大中华区首席执行官

大自然是一个充满奥秘的生命共同体，各种要素相互依存、有机循环、相互制约。人类的生存、繁衍与发展，每一步都离不开大自然的恩赐。但遗憾的是，随着工业文明的到来，越来越壮大的人类与自然的冲突也在快速升级，我们的许多行为导致了众多全球性的问题，给自己以及其他生命制造了严重的威胁。森林火灾、蝗灾、干旱、洪水、暴风雪以及尚未结束的新冠肺炎疫情等灾难，在过去一年多的时间里让人类社会"慢"了下来，使我们对于当前的生活和经济发展模式开始进行反思，并愈加清晰地意识到：自然和人类的命运息息相关！

到2050年，地球上的人口将超过90亿。在人口持续增长的情形下，面对日渐稀缺的淡水资源、不稳定的粮食供给和越来越旺盛的能源需求，我们必须提高应对能力，维持全球气候稳定，满足不断增长的全球人口对自然资源的需求，"挽救"孕育各种生命的生态系统。为了实现这些目标，我们亟需改变当前的发展模式，重塑人与自然的关系。形势日趋错综复杂，困难与挑战前所未有，"基于自然的解决方案（NbS）"这一以往被"忽视"的解决方案在这样的危急时刻被重新提起，逐渐受到国际和国内社会的广泛关注。通过把人类的需求和自然保护的要求联系起来，"解锁自然的力量"，充分利用自然所提供的生态系统服务来推动经济复苏绿色化，应对生态退化、气候变化等环境挑战，使人们能获得足够的食物、淡水、能源和清洁的空气，无论对于全球还是中国都是一个值得深入探讨的话题。

大自然保护协会（TNC）自1951年成立至今，目前已在全球79个国家和地区开展保护实践，专注于自然生态系统和生物多样性的保护、恢复和可持续管理，所有的工作无不围绕着NbS理念，致力于维护自然环境、提升人类福祉。TNC自1998年进入中国以来，在科学研究和系统规划的基础上，通过探索和创新保护模式，在应对气候变化以及自然保护区、淡水、海洋和城市生态环境保护等不同领域都开展了一系列的落地实践，尤其关注如何通过自然的力量更好地应对和解决人类社会所面临的各项重大挑战，推动形成人与自然和谐共生、可持续发展的局面。

我们的所有保护工作都秉承"基于科学方法，注重实地示范"的基本原则。在科学方法上，TNC 组织全球 400 多名科学家持续揭示了自然生态系统在应对人类社会危机方面的巨大潜力：通过一系列数据分析证明 NbS 可以最大限度地帮助实现《巴黎协定》提出的"2℃目标"（贡献所需碳减排量的 37%），可以帮助全球 4/5 的大型和中型城市的水源地显著提高水质，还可以帮助城市有效缓解夏季极端高温和雾霾等问题。更重要的是，NbS 不像传统灰色工程手段只解决单一问题，而是能够发挥除环境问题治理以外的多重效益，与灰色工程手段相比具有更高的成本回报率。在实地示范上，我们将 NbS 的理念和措施通过创新的保护模式付诸实践：在云南和四川，我们保护大熊猫、滇金丝猴等具有代表性的物种以惠及整个栖息地，也为当地居民提供了新的就业与发展机会；在浙江，我们用水基金的方式带动农民改进农田管理，控制面源污染，保护下游上千万城市居民的水源地；在内蒙古，我们落地推广气候智慧型农业，帮助农民在提高资源使用效率的同时获得增产、增收；在上海和深圳，我们与社区居民共建"生境花园""海绵社区"，倡导亲自然城市的理念，将自然融入城市发展。

2021 年是 TNC 正式成立 70 周年，也是"十四五"的开局之年，是中国朝着 2035 年美丽中国目标基本实现稳步迈进的关键时期。NbS 的理念与我国的生态文明思想高度一致，着眼于长期可持续发展目标，为协调经济发展和生态环境保护、促进人与自然和谐共生提供了新思路。近年来，国际社会对于 NbS 的理论探索和研究蓬勃发展，国内也有越来越多的决策者、研究者和实践者开始关注这一议题，但可供参考的中文材料仍然十分有限。《基于自然的解决方案：研究与实践》正是在这个背景下应运而生。本书编写团队由中国 TNC 的科学家和一线环境保护工作者组成。本书是在机构 70 年科学成果积淀和实践经验积累的基础上编撰而成，分别从气候变化、生物多样性、食物系统、水资源、自然灾害、人类健康等社会挑战切入，系统梳理了各领域的危机现状、NbS 在应对该挑战方面的国内外最新研究进展，并从实践者的视角以案例形式生动阐释 NbS 措施及其应用，以期总结梳理出一整套可复制、可推广的 NbS 最佳实践方案，为相关从业者提供借鉴。

NbS 是自然保护领域的新兴理念，目前对 NbS 理论内涵和实践方法的分析与探索仍处于起步阶段。我们衷心希望本书能够对相关领域的从业者、研究者在深入理解 NbS 理论和实践的过程中有所助益，也期待能够与更多的合作伙伴携手，共同开展符合中国特色的 NbS 研究与实践，在中国迈向 2035 年美丽中国和 2060 年实现碳中和的绿色高质量发展道路上做出一份贡献！

前　言

　　随着气候变化、生物多样性丧失、食物系统面临崩溃、水资源短缺、自然灾害频发、人类健康恶化等全球性的社会危机愈演愈烈，人类的生存和社会经济的可持续发展正在遭受严重打击。人类和地球上的其他生命正在接近一个灾难性的临界点，一系列危机亟待解决。在这样的情况下，曾被遗忘的 NbS 重新回到人们的视野。

　　NbS 是积极地利用生态系统服务来实现可持续发展目标（SDGs）的伞形概念，包含诸多基于生态系统的方法，如基于生态系统的适应（Ecosystem-based Adaptation, EbA）、基于生态系统的灾害风险减缓（Ecosystem-based Disaster Risk Reduction，Eco-DRR）、自然基础设施、绿色基础设施以及基于自然的气候变化解决方案（Natural Climate Solutions, NCS）等。NbS 重新审视人类与自然的关系，是对自然的态度从资源性利用到功能性思考的转变，是自然保护领域的深度思维变革。它强调充分利用自然生态系统的涵养水源、改善土壤健康、净化大气环境、保护生物多样性、固碳释氧等一系列重要的生态系统服务功能来应对目前人类社会面临的各种严峻挑战。与此同时，NbS 可以带来多种经济、环境和社会效益，如降低基础设施成本、创造就业、促进经济绿色增长、保护人类健康等。

大自然保护协会（The Nature Conservancy，TNC）自成立至今的 70 年时间里，本着基于科学方法、注重实地示范的基本原则，与政府、企业、社区和公众携手合作，开展了大量基于生态系统的保护、修复和可持续管理项目，工作区域遍及全球 79 个国家和地区。

本书的编写以 TNC 的科学研究和实践经验为基础，一方面从实践者的视角深入解读 NbS 理论内涵，以 NbS 的新理念、新方法重新审视过去的自然保护实践，进行方法创新的研判；另一方面在 NbS 的框架下以理论阐述、经验挖掘、案例分享的方式总结和梳理可复制、可推广的 NbS 最佳实践方案，为相关从业者提供借鉴。NbS 的重要特征之一是其在应对多重社会挑战上做出的突出贡献。本书以 NbS 应对重大社会挑战为核心分 8 章予以阐述。第 1 章详细解读了 NbS 的理论内涵、特征以及相关通用标准。第 2 章从全球性气候危机出发，以科学证据梳理、实践经验总结以及案例解读等形式阐述了 NbS 在减缓和适应气候变化中的重要作用和潜力。第 3 章详细阐述了生物多样性危机及其带来的灾难性后果，提出 NbS 是推动生物多样性保护主流化的良策，同时确保生物多样性的提升是 NbS 实施的基本原则，分别从保护、修复和可持续管理角度阐述了不同类型 NbS 措施如何提升生物多样性。第 4 章从耕地种植业、草地畜牧业、海洋渔业三个食物系统维度出发，以理论方法梳理和实践经验总结的形式阐述了 NbS 在构建再生食物系统中的重要作用和实施路径。第 5 章从供水管理和水质管理两个方面论述了 NbS 应对水资源危机的方法，以翔实的数据和案例提供了可借鉴的 NbS 措施。第 6 章从基于生态系统的灾害风险减缓、绿色基础设施、海岸带生态系统保护和修复等方面阐述了 NbS 在减缓自然灾害领域的重要作用，并提出应用建议。第 7 章提出 NbS 是守护人类健康的"自然药方"，在城市这个人类聚居区内，要使 NbS 充分融入城市规划、城市建设和城市改造中，减少人类面临的多重健康威胁。第 8 章提出"自然—经济"的可持续发展循环模式，一方面以 NbS 激发社会经济的可持续发展，另一方面以经济发展的红利反哺 NbS 的长效性实施。

本书理论扎实、案例翔实，是 TNC 中国团队的一线保护工作者和科学家在机构 70 年的科学方法积淀和实践经验积累的基础上编撰完成。其中各章编写分工如下：第 1 章曾楠，第 2 章霍莉和张小全，第 3 章靳彤和刘青，第 4 章葛乐、曾楠、程珺和刘青，第 5 章罗永梅，第 6 章霍莉和程珺，第 7 章靳彤和董大正，第 8 章曾楠、徐东梅和程珺。张小全、靳彤、曾楠审阅并校正了全书各章节；曾楠为全书编写的组织协调和统稿付出了大量心血。自然资源部海洋减灾中心副研究员陈新平，TNC 亚太区董珂，TNC 全球海洋治理团队 Emily Langley 和 Jack Brett，TNC 中国团队王会东、单良、贾玥、高蕙仑、李锴、赵嫣然、吕若平在本书的编撰过程中提供了大量帮助和支持，在此一并表示感谢。本书的出版和发行获得挪威国际气候与森林倡议（NICFI）的全额资助，在此表达诚挚的谢意，但本书涵盖的内容并不代表 NICFI 的观点。

NbS 是自然保护领域的新兴理念，学界对其理论内涵和实践方法的探索仍处于起步阶段。本书可以为从事 NbS 相关领域科学研究、宣教、管理和实践的人员，以及关心自然保护的企业、社会组织及公众提供参考。编者团队以有限的科学知识和实践经验编撰完成此书，我们殷切希望各界同行和广大读者不吝给予批评指正，以推动 NbS 的理论研究和实践探索。

编者
2021 年 1 月
北京

目 录

案　例
目　录

缩略语表 List of Acronyms

缩略语	英文全称	中文全称
AFOLU	Agriculture, Forestry and Other Land Use	农业、林业和其他土地利用
CAP	Conservation Action Planning	保护行动规划
CCICED	China Council for International Cooperation on Environment and Development	中国环境与发展国际合作委员会
CCB	Climate, Community and Biodiversity	气候、社区和生物多样性
CCER	Chinese Certified Emission Reductions	中国核证减排量
CDM	Clean Development Mechanism	清洁发展机制
COVID-19	Coronavirus Disease 2019	新型冠状病毒肺炎
CWP	Centre for Watershed Protection	流域保护中心
EbA	Ecosystem-based Adaptation	基于生态系统的适应
Eco-DRR	Ecosystem-based Disaster Risk Reduction	基于生态系统的灾害风险减缓
EIB	European Investment Bank	欧洲投资银行
FAO	Food and Agriculture Organization of the United Nations	联合国粮食及农业组织
FOLU	Food and Land Use Coalition	粮食和土地利用联盟
GAEC	Good Agricultural and Environmental Conditions	良好农业与环境条件
GCA	Global Commission on Adaptation	全球适应委员会
GDP	Gross Domestic Product	国内生产总值
GEF	Global Environment Fund	全球环境基金
GI	Green Infrastructure	绿色基础设施
GSIA	Global Sustainable Investment Alliance	全球可持续投资联盟
HELP	High Level Panel of Experts on Food Security and Nutrition	粮食安全和营养问题高级别专家组
IEA	International Energy Agency	国际能源署
IFPRI	International Food Policy Research Institute	国际食物政策研究所
IMF	International Monetary Fund	国际货币基金组织
INFOODS	International Network of Food Data Systems	国际食品数据系统网络
IPBES	Intergovernmental Science-Policy Platform on Biodiversity and Ecosystem Services	生物多样性和生态系统服务政府间科学政策平台

缩略语	英文全称	中文全称
IPCC	Intergovernmental Panel on Climate Change	政府间气候变化专门委员会
IUCN	International Union for Conservation of Nature	世界自然保护联盟
IUU	Illegal, Unreported and Unregulated	非法、不报告和不管制
LULUCF	Land use, Land-use Change and Forestry	土地利用、土地利用变化及森林
MA	Millennium Ecosystem Assessment	千年生态系统评估
N4C	Nature4Climate	自然气候联盟
NbS	Nature-based Solutions	基于自然的解决方案
NCS	Natural Climate Solutions	基于自然的气候变化解决方案
NDCs	Nationally Determined Contributions	国家自主贡献
NGO	Non-governmental organization	非政府组织（民间机构）
PRI	Principles for Responsible Investment	责任投资原则
PSMA	Port State Measures Agreement	港口国措施协定
ResCA	Resilient Central America	韧性中美洲
SDGs	Sustainable Development Goals	可持续发展目标
TEEB	The Economics of Ecosystems and Biodiversity	生态系统和生物多样性经济学
TNC	The Nature Conservancy	大自然保护协会
UNCBD	United Nations Convention on Biological Diversity	联合国生物多样性公约
UNCCD	United Nations Convention to Combat Desertification	联合国防治荒漠化公约
UNDP	United Nations Development Programme	联合国开发计划署
UNEP	United Nations Environment Programme	联合国环境规划署
UNEP-DHI	United Nations Environment Programme-DHI Partnership	联合国环境规划署与丹麦水利研究所合作伙伴关系
UNFCCC	United Nations Framework Convention on Climate Change	联合国气候变化框架公约
UNWWAP	United Nations World Water Assessment Programme	联合国世界水评估计划
UTNWF	Upper Tana-Nairobi Water Fund	上塔纳—内罗毕水基金
WBCSD	World Business Council for Sustainable Development	世界可持续发展工商理事会
WEF	World Economic Forum	世界经济论坛

缩略语	英文全称	中文全称
WHO	World Health Organization	世界卫生组织
WMO	World Meteorological Organization	世界气象组织
WNIP	Western Nebraska Irrigation Project	西内布拉斯加灌溉项目
WRI	World Resources Institute	世界资源研究所
WWF	World Wildlife Fund	世界自然基金会

1

基于自然的
解决方案
概述

—

Overview of Nature-based
Solutions

1.1 全球面临的重大危机

全球所面临的各种危机愈演愈烈，如贫困、饥饿、气候变化、生物多样性丧失、水资源危机、土地退化以及灾害频发等，这些危机严重威胁着人类的生存和社会经济的可持续发展。气候变化和生物多样性丧失等环境危机给人类带来的严重后果，可以从食物供应、卫生系统瘫痪延伸到全球供应链断裂（WEF，2020a）。

1.1.1 气候危机

人类活动引起的碳排放使全球平均温度较工业化前高出约 1.1℃（WMO，2020a），其导致的海平面上升、冰雪消融以及高温热浪、洪涝、干旱、风暴等极端天气日益严重。人类如果不积极采取碳减排措施，到 21 世纪末全球升温幅度预计将超过 4℃，这将引发一系列生态问题，并使各种恶劣天气的强度和频率及其灾难性影响程度呈指数上升趋势。经济学人智库（EIU）指出，预计到 2050 年，气候变化的经济影响将使全球 GDP 下降 3%，造成的经济损失高达 7.9 万亿美元[1]。与气候相关的风险已成为全球面临的最大挑战（WEF，2020a）。

1.1.2 生物多样性丧失

生物多样性丧失的迹象随处可见，如热带森林和沿海湿地出现退化和面积萎缩。物种灭绝尽管是一种自然现象，但全球监测数据显示，目前生物多样性消失的速度是过去 1 000 万年来平均速度的数千倍（WEF，2020a）。1970 年以来野生动物种群的数量平均下降了 60%，如果不采取进一步有效措施，21 世纪中叶，还将有 30% ~ 50% 的物种会灭绝。受人类活动的影响，地球上有 100 万物种正面临灭绝的危险（IPBES，2019）。1990 年以来约 4.2 亿 hm^2 的森林（FAO，2020），50% 的珊瑚礁[2]，70% 的湿地[3]正在退化或消失。气候变化进一步加剧了生物多样性危机，导致珊瑚白化以及森林昆虫疾病的暴发等。

1　Economist Intelligence Unit (EIU). https://www.eiu.com/n/global-economy-will-be-3-percent-smaller-by-2050-due-to-lack-of-climate-resilience/.
2　Half the World's Coral Reefs Already Have Been Killed by Climate Change. https://www.bloomberg.com/graphics/2019-coral-reefs-at-risk/.
3　Call for Wetland Decade under the UN Decade on Ecosystem Restoration (2021—2030). https://www.iucn.org/news/water/201903/call-wetland-decade-under-un-decade-ecosystem-restoration-2021-2030.

1.1.3　水资源和食品安全危机

1960—2014 年，全球用水量增加了 250%，水源污染、人口增长、工农业生产的快速发展和气候变化等因素，使全球正面临着严重的水资源危机，世界许多地区已经出现了"水荒"。水资源短缺是制约食品生产的主要因素，人多水少、水资源时空分布不均、干旱等对全球食品生产造成了较大影响。目前，全球有超 8 亿人正处于饥饿中，主要集中在发展中国家。2050 年全球人口将达 90 亿以上，食品需求将增加 50%，粮食安全问题将更加严峻。

人类和地球上的其他生命正在接近一个灾难性的临界点（IPCC，2018），一系列全球性的危机亟待解决。基于自然的解决方案（Nature-based Solutions，NbS）正是在这样的危机之际作为被遗忘的解决方案重新被唤起，从科学研究和方法创新入手，以政策激励和多元化资金机制汇聚社会各界力量，广泛推动 NbS，科学、合理地利用自然资源，对应对气候变化、生物多样性丧失、水资源和粮食危机以及社会经济发展等重大挑战发挥积极、有效的推进作用。

1.2　NbS 的内涵

1.2.1　NbS 的起源

在 20 世纪的大部分时间里，世界各国的决策者们将自然保护视为国家和全球议程的边缘问题。随着气候变化、水资源短缺和环境危机等造成的灾害的频发，以及其对人类生存和社会经济可持续发展的威胁，人类才逐步意识到保护自然的重要性。1992 年巴西里约热内卢召开的联合国环境与发展大会上，来自 183 个国家的代表，包括 102 位国家元首和政府首脑，针对目前人类发展所面临的一系列环境危机，确定了"可持续发展"作为人类新的发展愿景，达成了《联合国气候变化框架公约》（UNFCCC）、《联合国防治荒漠化公约》（UNCCD）和《联合国生物多样性公约》（UNCBD），明确了环境问题的相关责任。2000 年时任联合国秘书长的科菲·安南发起的千年生态系统评估项目，极大地推动了生态系统服务（即人类从生态系统中获得的收益）在学界的认知和普及。评估结果为后续政策的发展和制定提供了强有力的科学支撑，提出要在充分考虑人类对生态系统服务日益增长的需求的同时，促进生态系统的保护、修复和可持续管理（MEA，

2005）。随后 NbS 开始逐渐出现在保护工作者的视野中，这标志着人类观念上一个微妙而重要的转变，即人类不仅是自然资源的受益者，还应该主动保护、修复和管理自然生态系统，为应对全球重大社会挑战作出贡献。

2008 年，世界银行发布的《生物多样性、气候变化和适应：世界银行投资中基于自然的解决方案》报告提出，NbS 可以作为一种新的解决方案，在缓解和适应气候变化影响的同时，保护生物多样性并改善可持续生计。该报告基于 1988—2008 年世界银行批准和实施的 598 个（总投入超过 60 亿美元）与生物多样性保护直接相关的项目的评估，以案例的形式阐述了气候变化对生物多样性的影响、生物多样性保护对减缓气候变化和改善人类生计以及生物多样性适应气候变化的重要性。这些生物多样性保护项目涉及自然生态系统保护和修复，造林与再造林（生物多样性廊道或连通性修复），减少毁林，泥炭、沼泽和湿地的保护与修复，景观连通性，珊瑚礁保护与修复，草地保护和可持续草地管理，可持续森林管理，可持续农业和渔业以及替代能源等。该报告阐明了这些基于自然的方式在增强生物多样性保护的同时，能通过减少陆地温室气体排放、增强陆地碳汇，对减缓气候变化作出重要贡献，同时增强生态系统的气候韧性，帮助农业、林业、牧业、渔业、水资源、城市、健康、海岸带等社会经济领域适应气候变化的能力。

2009 年，世界自然保护联盟（International Union for Conservation of Nature，IUCN）在提交给《联合国气候变化框架公约》第 15 次缔约方大会的建议报告中明确提出，要积极推动将 NbS 作为更广泛的减缓和适应气候变化的整体计划和策略的重要组成部分。2010 年，IUCN、TNC、UNDP 等多机构联合发布报告《自然的解决方案》。2015 年，欧盟明确 2020 地平线研究与创新项目将重点投资 NbS。2016 年，IUCN 发布了《基于自然的解决方案应对全球挑战》，该报告系统地阐述了 NbS 的概念和内涵，NbS 在应对水资源安全、粮食安全、人类健康、自然风险和气候变化等领域的作用以及与生态系统有关的 NbS，并提供了 10 个相关的 NbS 案例研究和案例经验分享等。

2017 年，TNC 联合 15 家机构的研究证实，NbS 能够帮助各国完成 2030 年减排目标的 30% 以上，并在全球层面识别出最重要的 20 个 NbS 实施路径，定量评估了这些路径在实现《巴黎协定》达成的 2℃升温目标中的减排潜力和贡献，同时对不同路径在空气、水、土壤和生物多样性方面的协同效益进行了评估（Griscom et al.，2017）。

2018 年，联合国政府间气候变化专门委员会（Intergovernmental Panel on Climate Change，IPCC）发布的《全球升温 1.5℃特别报告》指出，农业、林业和其他土地利用（Agriculture，Forestry and Other Land Use，AFOLU）活动，例如造林、再造林、修复自然生态系统、增强土壤碳吸收、土地可持续管理等，可在实现 1.5℃温控目标中发挥重要作用，并增强生态系统功能和服务。该报告同时指出，基于生态系统的适应和修复、避免毁林和土地退化、生物多样性保护、可持续农业和渔业、节水灌溉、绿色基础设施建设等，是适应气候变化的重要措施（IPCC，2018）。

2019 年 8 月 IPCC 发布的《气候变化与土地特别报告》指出，人们的食物、淡水、生态系统服务和生物多样性等生计和福祉都依赖土地，人类土地利用直接影响了全球 70% 以上的无冰盖的土地，已利用土地中的 25% 已经退化。农业、林业和其他土地利用活动排放的温室气体占人为温室气体排放总量的 23%，而通过自然吸收并储存的 CO_2 相当于化石燃料和工业 CO_2 排放量的 29%。同时，气候变化对土地造成了额外的压力，加剧了对生物多样性、人类和生态系统健康、基础设施和食品系统的现有风险。因此，有必要在全球范围内彻底改变目前的土地利用方式。可持续的土地利用（例如改善农田和草地管理，实施可持续森林经营，提高土地生产力，增加土壤碳含量，保护和修复诸如泥炭地、森林和海岸带等自然生态系统以及生物多样性保护），不仅是减缓和适应气候变化的一个重要途径，而且有助于防治荒漠化和土地退化，增强粮食安全（IPCC，2019）。这些 AFOLU 活动都属于 NbS 的范畴。

2019 年 9 月，联合国气候行动峰会确定"基于自然的解决方案"为全球九项重要行动之一，并由中国和新西兰作为 NbS 行动的联合牵头国。由两国共同发布的 NbS 气候宣言指出，NbS 是全球实现《巴黎协定》气候变化目标的整体策略和行动的重要组成部分，注重以人与自然和谐相处为主要基调的生态建设和以人为本的全面应对气候变化行动。NbS 对于实现脱碳、降低气候变化风险以及提升气候韧性具有重要意义。2020 年，NbS 被写入《山水林田湖草生态保护修复工程指南（试行）》。

上述 NbS 发展历程见图 1-1。

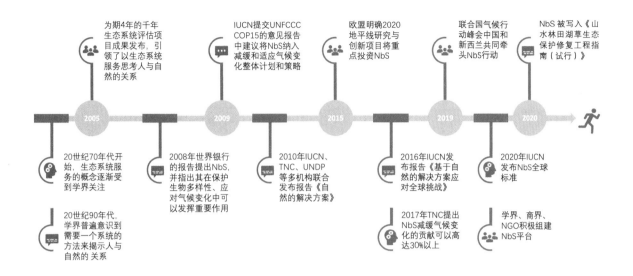

图 1-1　NbS 发展历程

1.2.2　NbS 的概念和类型

1.2.2.1　NbS 的定义

世界银行认为，NbS 是能够在减缓和适应气候变化影响的同时，保护生物多样性、促进可持续发展的创新解决方案（World Bank，2008）。IUCN 将 NbS 定义为，通过保护、可持续管理和修复自然或人工生态系统，从而有效地、适应性地应对社会挑战并为人类福祉和生物多样性带来益处的行动（IUCN，2016）。欧盟将 NbS 定义为，受自然启发和支撑的成本有效的解决方案，同时可以提供环境、社会和经济效益。NbS 通过因地制宜、资源高效的系统性干预措施，将多样化的自然元素带入城市、陆地和海洋景观（Bauduceau et al.，2015）。上述 NbS 的定义大同小异，都是通过有效利用生态系统及其服务来应对重大的社会挑战，同时非常注重 NbS 所能带来的一系列环境、社会、经济等协同效益。IUCN 的定义强调 NbS 的核心需要自然或人工生态系统作为支撑，而欧盟的定义不局限于有效利用自然生态系统，认为 NbS 也应包括受自然启发和支撑的解决方案。同时，由于欧洲城市人口比重较高，亟需充分利用自然应对人类健康、气候变化和自然资本退化等挑战，欧盟的 NbS 概念框架更侧重于城市生态系统（Raymond et al.，2017）。

除此之外，世界银行、雨林联盟等机构分别就自身关注的领域给出了有关 NbS 的定义。雨林联盟的概念侧重于森林生物群区的韧性，银行和保险机构主要将 NbS 用于灾害风险管理等。NbS 与其他密切相关的概念也常常被混用，如基于自然的气候变化解决方案（Natural Climate Solutions，NCS）、绿色基础设施（Green Infrastructure，GI）、基于生态系统的适应（Ecosystem-based Adaptation，EbA）等，导致人们对 NbS 概念及其实际应用的混淆。研究认为，NbS 是涵盖一系列基于生态系统方法的伞形概念，涵盖生态系统和景观修复、解决气候变化等特定问题、基础设施、生态系统的保护和管理 5 种类型的方法（Cohen-Shacham et al.，2019）。TNC 认为 NbS 是积极地利用自然和人工生态系统服务来实现可持续发展目标（SDGs）的伞形概念，包含诸多基于生态系统的方法，如 EbA、基于生态系统的灾害风险减缓（Ecosystem-based Disaster Risk Reduction，Eco-DRR）、自然基础设施、绿色基础设施以及 NCS。同时，NbS 还考虑了将基于生态系统的原则应用于修复再生食物系统和水资源管理。NbS 要在满足一个或多个社会需求的同时，给自然带来净效益。由于 NbS 作为伞形概念，涉及领域丰富多样且同时应对多种社会挑战，因此在实际涉及某一领域的 NbS 措施时，应优先使用该领域专有的基于生态系统方法的术语。例如，当 NbS 应用于气候变化减缓时，可使用 NCS；当应用于适应气候变化时，可使用 EbA。

1.2.2.2　NbS 的类型

为明确 NbS 的具体实施路径及其在各领域中应对社会挑战的潜力，有必要对 NbS 的类型进行划分。Cohen-Shacham 等（2019）从 NbS 的伞形概念出发，将其分为修复、解决特定问题、基础设施、管理和保护 5 种类型。一系列生态系统方法被逐一划分到特定类型中。修复类型包括生态修复、森林景观修复、生态工程等；解决特定问题类型包含基于生态系统的适应、基于生态系统的减缓、基于生态系统的灾害风险减缓等；基础设施类型则包含自然基础设施和绿色基础设施；管理类型包括海岸带综合管理、水资源综合管理；保护类型包括保护区管理等基于区域的保护方法。

Eggermont 等（2015）采用两个梯度来划分 NbS 类型，即实施 NbS 要求的生物多样性和生态系统工程水平；实施 NbS 带来的生态系统服务提升。据此将以 NbS 为主要理念的自然工作实践分为以下 3 种类型（图 1-2）：

用生态系统所能提供的涵养水源、改善土壤健康、净化大气环境、
生物多样性等一系列重要的生态系统服务，来应对目前人类社会
灾害频发、生物多样性丧失、粮食危机、水安全危机、人类健
退等严峻挑战。

城市

海绵城市、城市森林
和绿地、生境花园、
绿色屋顶等

海岸带 / 海洋

红树林、盐沼、海草床、珊瑚礁、
贝类礁体保护和修复；可持续渔业管
理、修复性水产养殖等

自然的解决方案
sed Solutions, NbS)

现可持续发展目标（SDGs）的伞形概念。NbS 涵盖了一系列
或工具，如基于生态系统的适应（EbA）、基于生态系统的灾
自然基础设施（NI）、绿色基础设施（GI）以及基于自然的气
也包括基于生态系统原则的可再生食物系统和水资源管理。
需求的同时，必须给自然带来净效益。

NbS 强调充分利
固碳释氧、保护
面临的气候变化
康威胁及经济害

草地

草地保护和改良、
放牧管理（以草定畜、划区轮牧）、
林牧复合等

农田

养分管理、覆盖作物、
秸秆还田、秸秆生物炭、农林复合、
少耕和免耕、蜜源作物等

The Nature Conservancy
大自然保护协会

基于f
(Nature-bas

NbS 是积极地利用自然来实
基于生态系统的概念、方法
害风险减缓（Eco-DRR）、
候变化解决方案（NCS),
NbS 在满足一个或多个社会

森林
森林保护、植树造林、
可持续森林经营等

内陆湿地
湿地保护、湿地修复、
功能性人工湿地、河漫滩湿地、
河岸带缓冲区构建等

（1）充分利用自然或受保护的生态系统：对自然生态系统的最小化（或无）干预，其目的是保护目标生态系统，维持或提升其服务功能。例如，保护沿海地区的红树林，增强海岸带韧性以抵御极端天气有关的灾害风险；建立海洋保护区，在保护海洋生物多样性的同时提升渔业经济的可持续性。

（2）修复和管理生态系统：对自然生态系统和景观的适度干预，以提升生态系统服务。例如，通过近自然农业景观设计提高农业生态系统的功能性和对自然灾害的韧性；提高树种和遗传多样性增强森林生态系统应对极端事件的韧性；对森林进行适当的抚育间伐，改善个体生态位，促进其天然更新和演替等。

（3）重构或构建新的生态系统：对自然生态系统进行高强度的干预或建设新的生态系统。这一类型较为广泛地囊括了绿色屋顶和绿墙等以人工营造的生态系统为主体的城市绿色基础设施。

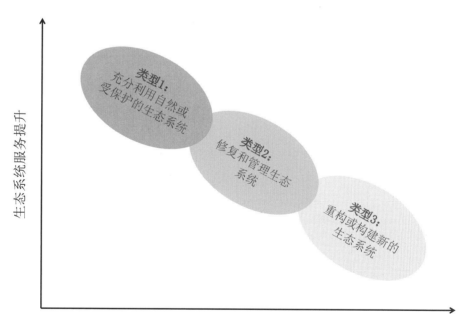

图1-2　NbS 在两种指标梯度下的分类

资料来源：Eggermont et al.（2015）。

基于上述研究，本书从目标生态系统特征、对生态系统的干预程度、干预目标 3 个维度将 NbS 划分为保护、修复 / 构建、管理 3 种类型，并对每种类型进行了分类说明和措施举例，以期更具体地阐述不同类型的 NbS（表 1-1）。

表 1-1 NbS 类型划分

NbS 类型	目标生态系统特征	对生态系统的干预度	干预目标	措施举例
保护	完整性和健康程度较高	低	生态系统服务的维持和提升	森林保护(避免毁林);湿地保护;珊瑚礁保护
修复/构建	完整性低或不能发挥目标功能的生态系统	高	创造新的生态系统服务	造林/再造林;人工湿地、河岸带缓冲区构建;草地修复;城市绿地、生境花园、绿色屋顶;贝类礁体修复
管理	人工与自然复合生态系统	中	提升或最大化生态系统服务	可持续森林经营;草地可持续放牧;可持续农田管理措施如覆盖作物、农林复合、减免耕、养分管理等;可持续渔业管理

NbS 的类型划分应服务于实施效果和管理效率的提升以及更好地进行成本控制和风险管理。例如，可将 NbS 涉及的生态系统类型划分为森林、湿地（内陆湿地和海岸带湿地）、草地、农田、城市以及海洋 6 种类型。上述所提出的 NbS 类型并没有严格的边界划分，在实际的设计和实施中不应拘泥于某一种 NbS 类型及其分类模式，在实施过程中通常会出现交叉重叠现象。此外，在项目进展的不同时期，因阶段性目标不同可能会出现多种 NbS 类型交替出现的情况。NbS 的实施应从其所应对的社会挑战和问题出发，进行以解决问题为导向的设计，避免被其不同类型特征所束缚。

1.2.3 NbS 的多重效益

NbS 重新审视了人类与自然的关系，是人类对自然的态度从资源性利用到对其功能性思考的转变，是人类在自然保护领域深度思维变革的结果。它强调充分利用自然生态系统的涵养水源、改善土壤健康、净化大气环境、保护生物多样性、固碳释氧等一系列重要的生态系统服务，来应对目前人类社会面临的气候变化、灾害频发以及生物多样性丧失等严峻的威胁和挑战。与此同时，NbS 可以带来多种经济、环境和社会效益，如降低基础设施成本、创造就业机会、促进经济绿色增长、提升人类健康水平等。

1.2.3.1   NbS 是生态系统服务的实现途径

生态系统服务是人类从生态系统中获得的所有惠益,包括供给服务(提供食物、纤维、清洁的水、燃料、医药、生物化学物质、基因资源等)、调节服务(调节气候、调节空气质量、涵养水源、净化水质、水土保持等)、支持服务(养分循环、土壤形成、初级生产、固碳释氧、提供生境等)和文化服务(精神与宗教价值、娱乐与生态旅游、美学价值、教育功能、社会功能、文化多样性等)功能。虽然人类可以凭借科学和技术带来环境的改变以应对其生存和发展需求,但从根本上讲,生态系统服务依然对人类的生存和发展起着决定性作用(MEA,2005)。

NbS 的核心是以人为本地实现生态系统服务的最大化,它强调充分利用生态系统的多种服务功能,来应对目前人类社会面临的一系列重大威胁,同时带来经济、环境和社会多重效益。NbS 的理念超越了传统的生物多样性保护和管理原则,重新审视人与自然的关系,在保护中更加强调社会因素的融入,如人类福祉、社会经济发展和治理。在 NbS 提出之前,学界对生态系统服务的研究和评估为 NbS 的出现和后续实施奠定了科学基础,其中包括相关科学平台的建立,如 2010 年成立的政府间生物多样性和生态系统服务科学政策平台(Intergovernmental Science-Policy Platform on Biodiversity and Ecosystem Services,IPBES)等。生态系统服务从理论和概念上揭示了自然能够为人类社会发展带来的效益,过去大量对生态系统服务价值的评估工作则从经济学角度量化了这些效益(Daily et al., 2008)。NbS 的出现为生态系统服务的交付提供了明晰的实现路径,通过对生态系统进行科学的保护、修复或构建以及可持续管理,实现生态系统供给、调节、支持、文化四种类型服务的最大化,最终达到应对气候变化、灾害、粮食安全等多种社会挑战的目的。

1.2.3.2   NbS 应对多重社会挑战

NbS 在应对多种全球危机中具有巨大潜力,是实现可持续发展目标不可或缺的重要途径且具有极高的成本效益。世界经济论坛报告显示,在新冠后疫情时期基于自然的绿色经济复苏可创造 4 亿个就业岗位(WEF,2020b)。每 1 欧元的生态修复投资可产生 27.38 欧元的回报(Verdone et al., 2017),每 100 万欧元的生态修复投资平均可产生 29.2 个工作岗位,是油气行业的 6 倍(BenDor et al., 2015)。

NbS 与生物多样性保护具有深度协同效应。一方面，生物多样性是 NbS 实践的重要基础，在 NbS 设计和实施中要充分考虑生境营造和生物多样性保护，如使用本地物种进行生态修复、近自然林业经营与管理、混交造林、农田管理中的间作套种；另一方面，NbS 的科学实践又是提升生物多样性的重要推手，NbS 为城市、乡村、自然保护区等不同区域提供了创新的思路和方法来应对生物多样性危机及其带来的社会挑战（Marselle et al., 2019）。

NbS 还能够为应对气候变化提供创新解决方案。例如，通过对生态系统的保护、修复和可持续管理获得的减排增汇量，能够为实现《巴黎协定》目标贡献 120 亿 t CO_2 减排量，几乎相当于全球所有煤电厂的排放总量（UNEP，2017）。科学有效地利用生态系统及其服务功能可帮助人类和野生生物积极适应气候变化带来的影响和挑战。预计到 2030 年 NbS 活动每年可为人类增加 250 亿 ~ 900 亿美元的经济收益（Griscom et al., 2017）。

NbS 在应对自然灾害、水资源和粮食危机中也具有不可替代的作用。例如，森林、湿地和洪泛平原等"自然基础设施"可大大缓解自然灾害和气候风险。相对于传统的单一的水利工程、海堤等"灰色"基础设施，NbS 可以作为工程措施的补充或在一定条件下的替代方案，提升防灾减灾效果和可持续性（GCA，2019）。如每年投入 420 亿 ~ 480 亿美元用于水源地的保护和修复，至少可以改善 14 亿人的供水安全（Abell et al., 2017）；轮作、免耕、覆盖作物种植等，可提升土壤健康，在提升土壤肥力、减少水土流失、节约用水的同时保障粮食安全。

2014 年，欧盟启动了 NbS 的"地平线 2020 研究和创新议程"，并通过 Bio-divERsA 平台召开了 NbS 专题研讨会，于 2015 年发布了《基于自然的解决方案和再自然城市》报告。该报告认为 NbS 具有健康、经济、社会和环境等多重效益，能帮助人类可持续地应对面临的一系列社会挑战，相对传统方式具有更高的成本效益，并阐述了 NbS 可以实现的四个目标：① 通过 NbS 增强城市化的可持续性，能刺激经济增长，改善环境，使城市更具吸引力并提升居民福利；② 应用 NbS 修复退化的生态系统，能增强生态系统韧性，提供更好的生态系统服务，应对其他社会挑战；③ NbS 有助于应对和减缓气候变化，为人类社会提供更具韧性的气候变化响应机制，并增强碳储存；④ 应用 NbS 进行风险管理，相对传统的方法，能产生更大的、降低多重风险的协同效益。为此，欧盟及其成员国提出了七个方面的研究和创新行动，即通过 NbS 进行城市更新、改善城市居民福祉、建立韧性海岸带、提高物质和能源使用的可持续性、提高生态系统的保险价值、增加碳吸收以及实施基于自然的多功能流域管理和生态系统修复（Bauduceau et al., 2015）。

1.2.3.3　NbS 助力生态文明建设

党的十八大报告指出，建设生态文明是关系人民福祉、关乎民族未来的长远大计。面对资源约束趋紧、环境污染严重、生态系统退化的严峻趋势，我们必须树立尊重自然、顺应自然、保护自然的生态文明理念，把生态文明建设放在突出地位，融入经济建设、政治建设、文化建设、社会建设各方面和全过程。由此可见，生态文明与 NbS 的提出都是在社会和环境挑战加剧的背景下，重新审视人与自然的关系，总结人与自然相处的经验和教训，凝练出的"尊重自然、顺应自然、保护自然"的核心思想，以期实现经济、政治、文化、社会和生态的可持续发展。

党的十九大报告提出必须树立和践行绿水青山就是金山银山的理念，坚持节约资源和保护环境的基本国策，像对待生命一样对待生态环境，统筹山水林田湖草系统治理，实行最严格的生态环境保护制度，形成绿色发展方式和生活方式，坚定走生产发展、生活富裕、生态良好的文明发展道路，建设美丽中国，为人民创造良好生产生活环境，为全球生态安全作出贡献（习近平，2017）。从核心理念上，NbS 与生态文明建设都强调要以保护生态环境为优先前提，寻求以自然为中心的效用最大化。坚持以人为本，充分认识并利用自然的价值，与自然共生，实现人与自然共同繁荣。从治理手段上，NbS 与我国生态文明建设所提出的坚持"节约优先、保护优先、自然修复为主"的基本方针、"统筹山水林田湖草系统治理""坚持保护优先，自然修复为主"等理念不谋而合（王旭豪等，2020）。

"山水林田湖草生命共同体"的治理模式与 NbS 的系统性思维高度一致，系统性思维理论是 NbS 的逻辑基础。系统性思维是有别于仅以单一要素作为目标对象的整体思考模式，从系统与要素、要素与要素、要素与环境之间的相互联系和相互作用中充分考察和认识事物（Flood，2010）。NbS 摒弃传统保护模式下生态系统分隔的治理思路和手段，统筹森林、草原、湿地、农田、城市、海洋等多种生态系统类型，整体考量生态系统内部、生态系统之间以及生态系统与外部利益相关方的相互作用和影响，对项目整体进行系统性设计、实施和评估，实现山水林田湖草统筹治理。

NbS 的有效推进将助力我国生态文明建设，以 NbS 新思路和新方法重新审视中国改革开放以来的生态保护工作，总结成效的同时，可提出基于 NbS 框架下的生态文明建设创新理论和思路。一方面总结继往开来的中国生态环境保护经验，另一方面将国外优秀理念进行本土化实践，将国内外的优秀 NbS 实践模式应用到我国生态文明建设中。坚持人与自然和谐共生是生态文明建设的核心。在生态文明建设中应"坚持保护优先，自然修复为主"，合理运用 NbS 的理念和逻辑框架，结合我国实际，不断推进生态文明建设，为尽早实现美丽中国而奋斗（图 1-3）。

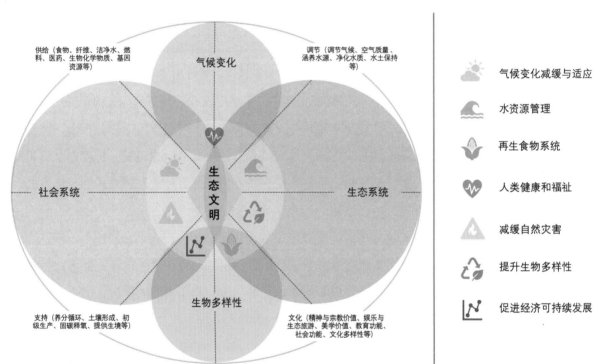

图 1-3　NbS 的多重效益

1.3　NbS 相关标准

随着 NbS 这一理念逐渐受到学界、政界、商界以及生态环境保护领域等社会各界的关注，在对其定义和内涵进行深入挖掘探讨的基础上，为充分推动 NbS 从科学到实践的有效落地执行，亟须在全球范围内形成大尺度的 NbS 标准规范。

2020 年 7 月，IUCN 正式发布 NbS 全球标准，以帮助各国政府、企业和民间组织有效开展 NbS 实践，应对气候变化、生物多样性丧失以及其他全球性挑战。

该标准共 8 项准则，每项准则下设 3 ~ 4 项指标，共 28 项指标 (IUCN，2020)。有效解决人类社会挑战是 NbS 全球标准的第一准则。这是 NbS 区别于传统自然保护工作的核心要义，其充分链接了自然生态系统和社会系统，在保护生物多样性的同时，助力人类社会有效应对挑战，提升人类福祉。

准则二探讨了基于不同层面和尺度进行 NbS 的规划和设计，指出规划设计中不仅要从生物学和地理学的角度出发，还应着眼于经济、政策以及文化各方面，在规划和设计中充分考虑 NbS 在不同景观尺度下的措施选择和措施间的层叠效应。同时，有效地进行多学科交叉和跨领域合作将有助于对社会系统和生态系统进行全面性、多维度思考。这充分体现了 NbS 的包容性和复杂性。

准则三指出 NbS 要确保对生物多样性的保护和提升，并确保生态系统的完整性。一个成功的 NbS 要确保对自然产生净效益。NbS 的核心是利用生态系统的产品和服务，其实施效果极其依赖于生态系统的健康程度，因此在规划 NbS 实施方案的过程中，一定要确保采用的措施具备一定的净生态效益。

准则四要求在规划以及实施阶段充分考量实施 NbS 措施的经济可行性。项目区域的选择应基于成本效益分析，以有限的资金获得最大的效益，克服传统的临时分配修复项目资金的问题。NbS 项目的规划制订需要根据生态知识以及经济和社会的限制条件。Adame 等（2014）使用空间优先排序工具 Marxan 模型来权衡生态系统服务的修复成本和回报，在加勒比海红树林生态系统的应用测试表明，该方法有效地选择了符合生物多样性目标，且能最大限度地提供一种或多种生态系统服务的，低成本的修复区域。生态系统服务的回报周期较长，为加强 NbS 在应对社会挑战中的力度，要确保其可持续性和可复制性。经济可行性是确保 NbS 可复制、可持续的基础，在设计中要综合考量多种 NbS 措施，通过成本效益和措施有效性的比较，明确最终方案。此外，要在规划之初确保 NbS 的实施具备长期稳定的资金来源，可以制定市场和政策激励机制，为其实施拓宽资金渠道和规模。

准则五明确 NbS 从设计到执行过程中，要遵循包容、透明和赋权的理念，使各利益相关方充分融入各环节，在项目各阶段充分考虑各方意见和建议，并做出回应。

NbS 的多重效益源于生态服务的多样化，如水土保持、固碳释氧、保护生物多样性、供给产品等。准则六则要求明确首要目标，在确保最大化首要目标效益的同时，充分平衡其所能发挥的其他效益。NbS 的执行者要遵循公平、透明和包容的原则，在实践过程中进行权衡取舍（王旭豪等，2020）。

准则七提出 NbS 的实施计划应包含基于证据的适应性管理。生态系统具有较强的时空变异性，此外，NbS 项目通常涉及多种类型的利益相关方，且涉猎领域较为宽泛，导致项目在执行过程中的不确定性较多。因此 NbS 项目的设计和实施并非一蹴而就，要根据 NbS 实施所要达成的目标开展动态监测和评估，根据监测结果反馈到项目设计和实施的全过程中，进行适应性的调整。

准则八要求在全球和国家政策框架下，促进 NbS 主流化，以确保其获得长期稳定的支持，促进其大规模运用和推广，突破传统措施实施周期和时间的限制（罗明等，2020a）。在主流化的过程中，要充分利用宣传媒体、跨界对话等形式，向社会公众、学界、政界、民间机构、可持续发展目标以及《巴黎协定》等全球网络相关方传递 NbS 理念、知识和实践经验（IUCN，2020）。

纵观上述 8 项准则，可以发现很多项目管理原理的重要思想，即从明确社会挑战问题出发，进行不同尺度的规划和设计的同时考量经济可行性，最后进行基于证据的适应性管理。TNC 联合多家保护机构共同编制的《保护行动规划手册》（*Conservation Action Planning*，CAP）[1] 就是以上项目管理原理在自然保护领域的运用，涵盖了项目生命周期管理全过程，包括项目的计划、实施、监测评估等阶段。保护行动规划可作为帮助提升 NbS 从设计到执行的科学性、高效性的策略管理工具。此外，各项原则之间相互关联，在很多情况下可以相互依存，在项目设计和执行中要尽量确保满足上述 8 项准则，以使 NbS 能最大化应对社会挑战。

很多机构和专家就各自领域内的 NbS 准则也进行了探讨。Connop 认为简单的 5 个问题可以明确该措施是否属于 NbS，即是否采用了自然的过程、是否带来社会效益、是否带来经济效益、是否带来环境效益以及是否产生生态系统和生物多样性的净效益 [2]。著名保护学家 Harvey Locke 指出 NbS 应满足三项原则，即绝对不损害自然生态系统，当 NbS 保护完整的自然生态系统时可以实现最有效的气候危机缓解，NbS 所开展的修复工程应采用本地物种进行生态修复。世界自然基金会（World Widelife Fund，WWF）认为 NbS 在应对气候变化时应满足 5 个原则，

1　保护行动规划手册（CAP）：http://www.tnc.org.cn/home/book/31.
2　Nature-Based Solutions Explained. https://connectingnature.eu/nature-based-solutions-explained.

即 NbS 措施在减缓和适应气候变化的同时确保能源、粮食、城市、基础设施等各领域间相互支持；运用最佳的气候、生物和社会科学作为支撑，制定可实现、可衡量的目标；缓解气候危机的同时保障自然和其他社会目标之间的权衡，并避免对生物多样性的不利影响，例如避免通过大量单一的物种进行修复、与当地居民和当地利益相关者共同设计并实施；实施成果可通过全面的监测、评价和报告框架进行量化（WWF，2020）。NbS 包罗万象，涉及领域、利益相关方较多，复杂程度高，尽管 IUCN 已提出具备广度和深度的全球通用标准，但 NbS 实践者仍需根据各领域自身的特征进行本领域 NbS 准则的探索和挖掘。

此外，NbS 标准在应用的过程中还应充分考虑地理空间变异和地域文化差异。如 IUCN 标准的第八项准则"通过多方影响促进 NbS 主流化"，在主流化过程中，也应不断地与国家和地方政策相结合，进行 NbS 本土化实践。2020 年 8 月由我国自然资源部牵头联合财政部和生态环境部共同发布的《山水林田湖草生态保护修复工程指南（试行）》充分参考了 NbS 的新理念和新方法，该指南认为生态修复主要是对生态系统停止人为干扰，以减轻负荷压力，依靠生态系统的自我调节能力与自组织能力使其向有序的方向演化，或者利用生态系统的这种自我修复能力，辅以人工措施，使遭到破坏的生态系统逐步修复或使生态系统向良性循环方向发展。这种回归生态学的 NbS 理念，可以帮助我们更好地识别"伪生态、真破坏"的假生态治理工程，引领生态保护修复工程回归初心，依靠自然寻找方案（罗明等，2020b）。因此，各国应着眼于本国实际情况和所面临的挑战，在相关政策制定过程中融入 NbS 的理念和方法，使生态保护工作在 NbS 理念的引领下得到全新升级。

生态环境部部长黄润秋在九三学社第十四届中央委员会全体会议上指出，要深入贯彻习近平生态文明思想，积极探索应对气候变化和保护生物多样性的共同之道，努力建设人与自然和谐共生的现代化。NbS 通过保护、修复和管理生态系统，协同应对气候变化和保护生物多样性。NbS 倡导生态文明理念，依靠自然的力量应对全球环境挑战，聚焦减缓和适应气候变化、保护生物多样性等目标，推动绿色低碳发展，对世界各国都具有重要借鉴意义。我国将继续探索"基于自然的解决方案"，以整体系统观念保护修复生态系统，以更大力度推进应对气候变化和保护生物多样性工作，为共建清洁美丽世界贡献中国智慧和中国力量 [1]。

---

1   https://www.mee.gov.cn/ywdt/hjywnews/202012/t20201211_812480.shtml.

　　NbS 引领了自然保护领域的创新与变革方向，但是也面临科技发展、实践经验以及资金筹措等多种挑战。NbS 的实践落地亟须包括政府相关部门、企业领导者、民间机构和社会公众等多方力量的参与。我们有理由相信，NbS 的规模化实施将为世界各地的社区带来环境、社会和经济多重效益，将自然的力量融入商业和发展，对于创建一个滋养和维持所有生命健康繁荣的地球至关重要。

参考文献

Abell R, Asquith N, Boccaletti G, et al., 2017. Beyond the Source: The Environmental, Economic and Community Benefits of Source Water Protection[R]. Arlington, VA, USA: The Nature Conservancy.

Adame M F, Hermoso V, Perhans K, et al., 2015. Selecting cost-effective areas for restoration of ecosystem services[J]. Conservation biology: the Journal of the Society for Conservation Biology, 29(2): 493-502.

Bauduceau N, Berry P, Cecchi C, et al., 2015. Towards an EU Research and Innovation Policy Agenda for Nature-based Solutions & Re-naturing Cities: Final Report of the Horizon 2020 Expert Group on "Nature-based Solutions and Re-naturing Cities"[R].European Commission.

BenDor T, Lester T W, Livengood A, et al., 2015. Estimating the size and impact of the ecological restoration economy[J]. PloS one, 10(6): e0128339.

Cohen-Shacham E, Andrade A, Dalton J, et al., 2019. Core principles for successfully implementing and upscaling Nature-based Solutions[J]. Environmental Science & Policy, 98: 20-29.

IUCN, 2016. Nature-based solutions to address global societal challenges[R]. Gland, Switzerland: IUCN.

Daily G C, Matson P A, 2008. Ecosystem services: from theory to implementation[J]. Proceedings of the national academy of sciences, 105(28): 9455-9456.

Eggermont H, Balian E, Azevedo J M N, et al., 2015. Nature-based solutions: new influence for environmental management and research in Europe[J]. GAIA-Ecological Perspectives for Science and Society, 24(4): 243-248.

FAO, 2020. Global Forest Resources Assessment 2020 - Key findings[R]. Rome.

Flood A, 2010. Understanding phenomenology[R]. Nurse Researcher, 17(2).

GCA, 2019. Adapt now: a global call for leadership on climate resilience[R]. Beijing.

Griscom B W, Adams J, Ellis P W, et al., 2017. Natural climate solutions[J]. Proceedings of the National Academy of Sciences, 114(44): 11645-11650.

IPCC, 2018. Impacts of 1.5℃ Global Warming on Natural and Human Systems[R]. Katowice: COP24.

IUCN, 2020. Guidance for using the IUCN Global Standard for Nature-based Solutions[R]. A user-friendly framework for the verification, design and scaling up of Nature-based Solutions. First edition. Gland, Switzerland.

IPBES, 2019. Summary for policymakers of the global assessment report on biodiversity and ecosystem services of the Intergovernmental Science-Policy Platform on Biodiversity and Ecosystem Services[R]. IPBES secretariat, Bonn, Germany.IPCC, 2019. Climate Change and Land: an IPCC special report on climate change, desertification, land degradation, sustainable land management, food security, and greenhouse gas fluxes in terrestrial ecosystems.

Marselle M R, Stadler J, Korn H, et al., 2019. Biodiversity and health in the face of climate change[M]. Springer Nature.

MEA, 2005. Ecosystems and Human Well-being: Synthesis[M].Washington,DC:Island Press.

Raymond C M, Frantzeskaki N, Kabisch N, et al., 2017. A framework for assessing and implementing the co-benefits of nature-based solutions in urban areas[J]. Environmental Science & Policy, 77: 15-24.

UNEP, 2017. The Emissions Gap Report 2017[R]. Nairobi: United Nations Environment Programme (UNEP).

Verdone M, Seidl A, 2017. Time, space, place, and the Bonn Challenge global forest restoration target[J]. Restoration Ecology, 25(6): 903-911.

World Bank, 2008. Biodiversity, Climate change and Adaptation: Nature-based Solutions from the World Bank Portfolio[R]. Washington.D.C: World Bank Publications.

WMO, 2020. WMO Statement on the State of the Global Climate in 2019 [R]. Geneva: WMO-No. 1248.

WEF, 2020a. The Global Risks Report[R]. Davos.

WEF, 2020b. The Future of Nature and Business[R]. Davos.

WWF, 2020. Nature-based Solutions for Climate Change[R].

罗明, 应凌霄, 周妍, 2020a. 基于自然解决方案的全球标准之准则透析与启示 [J]. 中国土地, (04):9-13.

罗明, 张琰, 张海, 2020b. 基于自然的解决方案在《山水林田湖草生态保护修复工程指南》中的应用 [J]. 中国土地, (10):14-17.

王旭豪, 周佳, 王波, 2020. 自然解决方案的国际经验及其对我国生态文明建设的启示 [J]. 中国环境管理, 12(5): 42-47.

习近平, 2017. 决胜全面建成小康社会, 夺取新时代中国特色社会主义伟大胜利——在中国共产党第十九次全国代表大会上的报告 [M]. 北京 : 人民出版社 .

2

基于自然的
解决方案
应对气候变化

—

Nature-based Solutions
Tackling Climate Change

观测表明，人为活动引起的碳排放使 2017 年全球平均温度相比工业化前上升了约 1℃，平均每 10 年增温 0.2℃（IPCC，2018）。2015—2019 年是有完整气象观测记录以来最暖的五个年份，2019 年全球平均温度较工业化前升高了约 1.1℃；全球平均海平面呈加速上升趋势，上升速率从 1901—1990 年的 1.4 mm/a 增加至 1993—2019 年的 3.24 mm/a；2009—2018 年海洋吸收的 CO_2 占其总排放量的 23%，导致海水持续酸化 (WMO，2020；中国气象局气候变化中心，2020)。《气候变化绿皮书：应对气候变化报告（2020）》指出，全球气候变化对自然生态系统和经济社会的影响正在增强，全球气候风险持续上升，并可能引发系统性风险，对全球自然生态系统、经济社会发展和人体健康构成严重威胁。随着全球持续变暖，气候问题已经威胁到世界上超过 5 亿人的生存。如果不立即采取减排措施，预计 21 世纪末升温幅度将超过 4℃。在人类面临的数十个全球风险中，与气候有关的风险 (包括气候变化和极端天气) 是未来 10 年人类面临的最严峻的危机 (WEF，2020)。

中国是气候变化的敏感区和影响显著区。1951—2019 年，中国年平均气温每 10 年升高 0.24℃，明显高于同期全球平均水平；近 20 年是有历史资料记载以来最暖的时期。自 20 世纪 90 年代中期，中国极端高温事件明显增多，登陆中国的台风平均强度波动增强。1961—2019 年，中国极端强降水事件呈增多趋势，年累计暴雨 (日降水量 ≥ 50 mm) 日数呈增加趋势。1980—2019 年，中国沿海地区海平面上升速率为 3.4 mm/a，高于同期全球平均水平 (中国气象局气候变化中心，2020)。

与此同时，气候变化使人类面临的其他全球重大危机也进一步加剧，包括生物多样性丧失加剧、极端天气事件和灾害的频率和强度增加、水资源和粮食安全面临更严峻的挑战等。这些危机叠加在一起，将给人类社会和野生动植物带来灾难性后果，包括生态灾难、生命损失、社会和地缘政治紧张以及巨大的经济负面影响，甚至引发公共卫生事件、系统性金融风险、经济衰退和地区冲突等。

2020 年突如其来的新冠肺炎疫情，造成了各国经济的停滞，同时使得全球碳排放量显著下降。国际能源署的数据显示，2020 年全球一次能源需求比 2019 年下降约 6%。其中，全球煤炭需求量下降 8%，全球 CO_2 排放量减少 25 亿 ~ 31 亿 t，相比 2019 年下降 8% 左右（IEA，2020）。但是需要清醒地认识到，某些突发事件只能对减缓气候变化起到临时和短暂的效果，并不能改变气候变化的长期趋势。正如中国气候变化事务特别代表解振华所指出的，新冠肺炎疫情是当前人类面临的一场公共卫生危机，而气候变化则是人类面临的更长期、更深层次的生存发展挑战。

气候变化是人类面临的极大威胁，应对气候变化刻不容缓。减缓和适应是应对气候变化的两个同等重要的方面。一方面需要动员政府、企业、民间组织和公众的力量，最快速地、最大限度地减少温室气体排放，从而减弱未来气候变化给人类带来的灾难性影响。另一方面，针对正在发生并将持续增强的气候变化及其带来的影响和风险，迫切需要各方力量能够采取更加积极主动的适应措施，提高自然生态和人类社会经济系统适应气候变化的能力。NbS 在应对气候变化中发挥着不可或缺的作用。本章将着重阐述 NbS 在应对气候变化中的作用和潜力，并提供相关案例分析和未来的行动建议。

2.1　基于自然的解决方案，减缓气候变化

2.1.1　引言

为避免全球变暖引发严重的经济、社会和环境后果，2015 年国际社会达成的《巴黎协定》决定将全球升温幅度控制在 2℃以内，并尽可能控制在 1.5℃以内。因此，全球年碳排放量需控制在 420 亿 t 左右（IPCC，2018），2030 年的全球排放量相对 2010 年需要减排 45%，并在 2050 年前后实现净零排放（WMO，2020）。

科技创新、提高能效、能源消耗结构转型、增加清洁能源（太阳能、风能、水能、核能、地热能、生物质能、海潮能等）、电动汽车等措施，都是减缓气候变化的重要途径。随着深度减排工作的推进，这些领域需要巨大的资源投入，以实现技术创新和大规模快速推广。

然而，从各缔约方首次提交的国家自主贡献（Nationally Determined Contributions，NDC）来看，与实现《巴黎协定》达成的将全球升温幅度控制在 2℃以内的目标还有很大的差距，更不奢望控制在 1.5℃以内（UNEP，2015）。按照当前的排放趋势和各国首次提交的 NDC 中的目标，到 21 世纪末全球升温可能会超过 3℃（UNEP，2019），升温幅度是《巴黎协定》确定的控温目标的 2 倍。升温幅度每增加 1℃，其产生的灾难性影响将呈几何倍数增长。为此，截至 2020 年 11 月，全球已经有 100 多个国家宣布将提出强化的 NDC 目标，126 个国家承诺 2050 年实现碳中和（UNEP，2020）。2020 年 9 月，中国对世界宣布要提高 NDC 力度，

力争在 2030 年前 CO_2 排放量达到峰值，努力争取 2060 年前实现碳中和。尽管如此，考虑到缔约方最新宣布的减缓目标，全球升温幅度仍将达到 2.7 ℃（UNEP，2020）。2020 年 12 月 12 日，习近平主席在气候雄心峰会上进一步宣布：2030 年中国单位国内生产总值 CO_2 排放将比 2005 年下降 65% 以上，非化石能源占一次能源消费比重将达到 25% 左右，森林蓄积量将比 2005 年增加 60 亿 m^3，风电、太阳能发电总装机容量将达到 12 亿 kW 以上。

除了在高排放行业采取更强有力的减排措施外，世界各国还需要意识到 NbS 能够为实现《巴黎协定》的控温目标发挥不可替代的作用。联合国秘书长古特雷斯在 2020 年 4 月 22 日"世界地球日"当天号召世界各国确保气候行动要处于经济复苏举措的核心，提出"携手实现更高质量复苏"的倡议，为世界各国在合作抗疫的同时共同应对气候危机、重塑人与自然关系确立了行动方向。然而，NbS 在应对气候变化中的作用尚未得到足够的重视，目前仅吸引了全球不到 3% 的公共气候资金（Buchner et al., 2012）。

NbS 通过对自然的或人工的生态系统的保护、修复和可持续管理减缓气候变化。这里的生态系统包括农田、森林、草地、湿地、荒漠、海洋和城市生态系统等（张小全等，2020）。NbS 减缓气候变化的作用包括三个方面，一是对森林、湿地（包括海岸带湿地、泥炭地）和草地等自然生态系统的保护，避免其被破坏或退化，从而避免或减少其在过去数十年甚至上万年积累的碳在短时间内被分解、释放到大气中。二是修复已被破坏或退化的自然生态系统，通过植物的光合作用吸收大气中的 CO_2 并将其储存在植被和土壤中，从而增加陆地生态系统碳储存(碳汇)。三是对农田、草地、林地进行可持续管理，扭转退化趋势，减少碳排放，增加陆地碳汇。同时，NbS 还涉及土地利用和养殖业的非 CO_2 温室气体（甲烷、氮氧化物等）的减排。

2.1.2 NbS 减缓气候变化的路径

NbS 减缓气候变化的路径很多。IPCC 的《气候变化与土地特别报告》和 TNC 分别识别出约 19 个和 20 个路径，比较重要的包括造林、森林可持续管理（人工林和天然林）、避免毁林和森林退化、林火管理、混农（牧）林系统、农田管理（保护性耕作、稻田管理、养分管理）、秸秆生物炭、可持续放牧、草地保护和修复、泥炭地保护和修复、滨海湿地保护和修复等（张小全等，2020）（表 2-1）。

表 2-1　NbS 减缓气候变化的主要路径

生态系统	路径	《气候变化与土地特别报告》(IPCC,2019)	TNC 全球 NbS 评估 (Griscom et al., 2017)	说明
森林	造林	√	√	包括再造林
	避免毁林和森林退化	√	√	森林保护
	天然林管理	√	√	低强度用材林管理
	人工林管理	√	√	人工同龄用材林轮伐期从经济成熟延长为技术成熟
	避免薪材使用	—	√	减少取暖和生活用材
	林火管理	√	√	森林防火、有控制火烧
农田	生物炭	—	√	用作物秸秆生产生物炭并施于土壤中
	增加粮食生产力	√	—	—
	混农（牧）林系统	√	√	包括农田（牧场）内及其周边的防护林带
	农田养分管理	农田管理	√	平衡施肥，减少肥料超量施用并改进施肥方式（肥料种类和配比、施用时间、位置），增加有机肥比例
	保护性耕作	农田管理	√	经济作物间歇期种植覆盖作物
	稻田管理	农田管理	√	水管理和秸秆管理
	综合水管理	√	—	
草地	避免草地转化	√	√	草地保护，减少草地（包括稀树草原和灌木地）转化为农田
	最适放牧强度	√	√	草畜平衡，避免超载，低载放牧
	种植豆科牧草	—	√	—
	改进饲料	—	√	高能量和高营养饲料，提高肉类营养质量，从而减少畜牧数量
	牲畜管理		√	通过牲畜育种提高牲畜繁殖率和生长量
海岸带和湿地	避免海岸带湿地转化和退化	√	√	保护海岸带红树林、盐沼和海草床生态系统
	海岸带湿地修复	√	√	排干湿地还湿，红树林、盐沼和海草床的修复
	避免泥炭地转化和退化	√	√	淡水泥炭湿地的保护
	泥炭地修复	√	√	通过还湿等措施修复淡水泥炭湿地

生态系统	路径	《气候变化与土地特别报告》(IPCC,2019)	TNC 全球 NbS 评估 (Griscom et al., 2017)	说明
其他	增加土壤有机碳含量	√	—	—
	减少水土流失和盐碱化	√	—	—
	减少粮食损失和浪费	√	—	—
	改进膳食结构	√	—	—

资料来源：张小全等（2020）。

大部分 NbS 路径都同时具有减缓和适应气候变化两方面的作用，还能够帮助实现其他可持续发展目标的协同作用，例如泥炭地、湿地、森林、海岸带的保护，林火和病虫害管理，土壤管理以及大部分风险管理措施不但可促进碳储存，增强生态系统服务功能，还可为社会经济的可持续发展做出贡献，例如改善社区生计，降低贫困（IPCC，2019）。植树造林作为 NbS 的主要路径之一，不但能增加植被和土壤碳储存，还能通过增强生态系统的服务功能，如保持水土、涵养水源、净化空气、调节小气候、丰富生物多样性等，增加当地社区和生态系统的气候韧性和气候适应能力；同理，红树林修复不但能增强海岸带适应能力，还能增加碳汇。

不同路径产生气候效益的时间尺度不同。一些路径可以达到立竿见影的效果，如对泥炭地、沼泽湿地、森林、红树林等碳密度高的生态系统的保护。而另一些路径可提供多种生态服务功能，但需要较长的时间，如造林、湿地和泥炭地等碳密度高的生态系统的修复、混农（牧）林系统、退化土壤的修复等（IPCC，2019）。

植被和土壤吸收和储存碳的功能并不是无限的，随着植被的生长和成熟或植被和土壤碳库的饱和，净碳吸收逐渐降低并趋于零。积累的碳也面临因干旱、火灾、病虫害或不可持续的管理而存有逆转的风险（IPCC，2019）。而另一些 NbS 路径，如泥炭地的保护和修复，则不存在碳饱和的现象，其碳汇功能是长久的。

NbS 也可能带来潜在的负面影响，如果大规模实施，可能对土地、能源、水或营养产生潜在影响。例如造林和生物质能可能会与其他土地利用产生竞争关系，从而可能对农业、粮食系统、生物多样性以及其他生态功能和服务产生显著影响。因此，需要进行统筹的土地规划，充分考虑这些潜在损益并确保吸收碳的持久性。特别是针对大规模土地修复和管理活动，在保护和储存碳的同时，确保其他生态系统服务功能不受到影响（IPCC，2018）。大部分基于土地管理的 NbS 路径，如农田管理、放牧管理、森林管理、土壤碳管理等，不涉及土地利用方式的改变，即不会产生与其他土地利用方式的竞争。而提高农田和草地生产力等路径还可通过减少对土地的需求，从而为其他路径释放出更多可利用的土地（IPCC，2019）。

2.1.3　NbS 在全球减缓气候变化方面的潜力

根据 185 个国家最新提交的国家温室气体排放清单数据 [1]，作为涉及 NbS 主要路径的土地利用、土地利用变化和森林（Land use，Land-use Change and Forestry，LULUCF）部门，分别为 61.3 亿 tCO_2 当量（CO_2eq）的净排放和 14.9 亿 tCO_2eq 的净吸收，分别占总排放量（不含 LULUCF，下同）的 14.6% 和 3.6%。其中 12 个缔约方未报告 LULUCF；121 个缔约方 LULUCF 为 71.3 亿 tCO_2eq 的净吸收，是这些缔约方总排放量的 20.3%；52 个缔约方 LULUCF 为 56.4 亿 tCO_2eq 的净排放，几乎等于这些缔约方 58.0 亿 tCO_2eq 的总排放量，其中 17 个缔约方 LULUCF 净排放量（48.8 亿 tCO_2eq）大于其总排放量（17.1 亿 tCO_2eq），前者是后者的 2.85 倍；9 个缔约方来自非洲，5 个缔约方来自中南美洲，2 个缔约方来自东南亚。毁林导致的森林转化是 LULUCF 的主要排放源。由此可见，农业和 LULUCF 部门的 NbS 路径具有巨大的减排潜力（张小全等，2020）。

《气候变化与土地特别报告》估计，2007—2016 年与 NbS 有关的 AFOLU 活动排放温室气体 120 亿 $tCO_2eq \cdot a^{-1}$，占全球温室气体排放的 23%，其中 CO_2 排放占全球的 13%，CH_4 排放占全球的 44%，N_2O 排放占全球的 82%。土地利用引起的 CO_2 排放为 52 亿 $tCO_2 \cdot a^{-1}$；而人为活动引起的气候变化、CO_2 浓度升高和氮沉降等土地自然响应吸收 112 亿 $tCO_2 \cdot a^{-1}$，占全球 CO_2 排放的 29%，即陆地年净 CO_2 吸收 60 亿 tCO_2。农业 CH_4 排放 40 亿 $tCO_2eq \cdot a^{-1}$，农业 N_2O 排放 22 亿 $tCO_2eq \cdot a^{-1}$，合计 62 亿 $tCO_2eq \cdot a^{-1}$。如果将生产活动上下游的排放（粮食生产中的能源、工业和运输过程中的温室气体排放）计算在内，AFOLU 活动的年排放量占全球温室气体排放的 21% ~ 37%（IPCC，2019）。

1　https://unfccc.int.

为实现《巴黎协定》设定的目标，在通过技术创新应对气候变化的同时，还应最大限度地利用基于自然的解决方案。正如 IPCC 发布的《全球升温 1.5℃特别报告》指出，将全球升温限制在 1.5℃要求在能源、土地利用、城市和基础设施以及工业体系实现迅速而广泛的转型。减限排路径分析表明，AFOLU 措施在 2030 年、2050 年和 2100 年可分别吸收 0 ~ 50 亿、10 亿 ~ 110 亿和 10 亿 ~ 50 亿 tCO_2，具体取决于成熟期、吸收能力、成本、风险、协同效益和损益。其中造林碳汇潜力可达 36 亿 $tCO_2eq \cdot a^{-1}$（IPCC，2018）。

据 IPCC 估计，减少毁林和森林退化的技术潜力可达 4 亿 ~ 58 亿 $tCO_2eq \cdot a^{-1}$。到 2050 年，全球通过改进粮食生产（增加土壤有机质、减少土壤侵蚀、改进肥料管理、改善水稻等作物管理、抗逆性遗传改良等）、养殖业（改进放牧管理、粪便管理、提高饲料质量、遗传改良等）和混农（牧）林系统的技术潜力可达 23 亿 ~ 96 亿 $tCO_2eq \cdot a^{-1}$。通过改变膳食结构，以植物性食物为主的平衡饮食（如粗粮、豆类、水果、蔬菜、坚果和种子）以及可持续的低排放源动物食品，到 2050 年其技术减排潜力达 7 亿 ~ 80 亿 $tCO_2eq \cdot a^{-1}$，同时释放数百万公顷的土地，并产生健康方面的协同效益。如果在全球 1/4 的农田实施作物覆盖措施，潜在碳汇量可达 4.4 亿 $tCO_2eq \cdot a^{-1}$（IPCC，2019）。减少生产和供应链上的粮食损失和浪费，也能降低温室气体排放，并通过减少农田的面积提高气候适应能力。目前全球粮食的损失或浪费高达 25% ~ 30%，占 2010—2016 年温室气体排放量的 8% ~ 10%。减排的技术措施包括改进收获技术、就地储存以及改进基础设施，减少运输、包装、零售等整个供应链的粮食损失和浪费。减排的同时，到 2050 年还可释放数百万平方千米的土地（IPCC，2019）。

成本和有限的土地资源是限制减缓潜力的重要因素。TNC 等机构对全球 NbS 潜力的分析表明（Griscom et al., 2017），在考虑粮食和纤维安全以及生物多样性保护约束条件下，到 2030 年，全球 NbS 的最大潜力达 238 亿 $tCO_2eq \cdot a^{-1}$，其中约 1/2（113 亿 t $CO_2eq \cdot a^{-1}$）是成本有效的（成本 ≤ 100 美元 /t）；2016—2030 年，NbS 可为实现《巴黎协定》制定的 2℃目标贡献 37% 的成本有效的减排量，其中 1/3 的潜力（41 亿 t $CO_2eq \cdot a^{-1}$）属低成本（10 美元 /t 以下）。这些成本有效的或低成本的减排潜力主要来源于发展中国家。在 2030 年、2050 年和 2100 年，NbS 的贡献率分别为 29%、20% 和 9%。同时，这些 NbS 路径还具有保持水土、涵养水源、改善土壤健康、增强生物多样性和气候韧性等协同效益。

在识别的 20 个路径中，造林再造林潜力最大，其次为避免毁林和森林退化、天然林管理、泥炭地修复、避免泥炭地转化和退化，这 5 个路径的最大潜力之和占全部 20 个路径最大潜力的近 69.3%，其成本有效潜力和低成本潜力分别占全部 20 个路径相应潜力的 67.8% 和 88.8%。低成本下避免毁林和森林退化的潜力最大，占低成本总潜力（20 个路径）的约 1/2，而造林再造林成本较高，低成本潜力为 0（表 2-2）。

表 2-2　潜力最大的 10 个 NbS 路径的潜力

路　径	潜力 / (亿 $tCO_2eq \cdot a^{-1}$)		
	最大	成本有效	低成本
造林再造林	101.37	30.41	0
避免毁林和森林退化	33.41	26.72	21.05
天然林管理	14.62	8.77	7.31
泥炭地修复	8.11	3.89	3.08
避免泥炭地转化和退化	7.52	6.77	4.96
稻田管理	2.65	1.59	1.33
种植豆科牧草	1.46	1.32	0.98
最适放牧强度	1.47	0.88	0.73
避免红树林破坏	1.30	1.17	0.87
避免薪材采伐	3.52	1.06	0.00
10 个路径合计	175.42	82.58	40.31
20 个路径合计	223.00	112.00	41.00

数据来源：Griscom et al.,（2017）。

土壤碳占 NbS 潜力（238 亿 $tCO_2eq \cdot a^{-1}$）的 25%，其中 40% 来自现有土壤碳的保护，60% 源自土壤碳的修复。土壤碳占森林减缓潜力的 9%，湿地的 72%，农业和草原的 47%（Bossio et al., 2020）。例如，通过覆盖作物、秸秆覆盖、保护性耕作、农林复合、轮牧放牧等措施，全球农田土壤有机碳在至少 20 年内可增加 9 亿 ~ 18.5 亿 t $CO_2eq \cdot a^{-1}$（Zomer et al., 2017）。

2.1.4　NbS 在中国减缓气候变化的潜力

为改善生态环境，我国进行了较大规模的植树造林活动，1949—1952 年全国造林面积达 72.7 万 hm²。20 世纪 50 年代中后期造林面积迅速扩大，1960 年达到400 万 hm²，1949—1977 年的近 30 年间，累计造林面积约 5 500 万 hm²，年均近200 万 hm²。改革开放以来的 40 年间，随着我国"三北"防护林工程、长江中上游防护林工程、天然林保护工程、退耕还林工程等重大生态林业工程的实施，中国造林规模进一步扩大，年平均造林面积 327 余万 hm²，其中 85% 以上为人工造林。特别是近 10 年来，年均造林面积 620 余万 hm²，近三年年均超过 700 万 hm²。封山育林面积维持在 2 800 万 hm² 左右。截至 2013 年年底，退耕还林一期工程累计完成造林 2 580.62 万 hm²。2014 年，国家批准了并启动了《新一轮退耕还林还草方案》，截至 2018 年，已累计完成退耕地造林 370 万 hm²[1]。

"十三五"期间，完成国土绿化面积 6.89 亿亩[2]，其中造林绿化面积 5.29 亿亩，完成森林抚育 6.38 亿亩，落实草原禁牧面积 12 亿亩，草畜平衡面积 26 亿亩。实施了蓝色海湾整治行动、海岸带保护修复工程、渤海综合治理攻坚战行动计划、红树林保护修复专项行动，全国整治修复岸线 1 200 km、滨海湿地 2.3 万 hm²。开展了长江流域、京津冀和汾渭平原等重点区域历史遗留矿山生态修复，治理修复矿点近 9 000 个，面积约 2.5 万 hm²。完成防沙治沙 1 000 多万 hm²、石漠化治理130 万 hm²。由于开展了大规模的植树造林和森林管护，根据中国每五年一次的森林资源清查结果，中国森林面积从 20 世纪 80 年代初的 1.153 亿 hm² 增加到 2.2亿 hm²，森林覆盖率达 22.96%；活立木蓄积量从 102.6 亿 m³ 增加到 190 亿 m³，森林蓄积量达 175.6 亿 m³；人工造林保存面积从 0.22 亿 hm² 增加到 0.8 亿 hm²，人工林蓄积量从 2.73 亿 m³ 增加到 34.52 亿 m³；年固碳量 4.34 亿 tCO_2（国家林业和草原局，2019）。全球卫星数据显示，2000—2017 年全球新增的绿化面积中，约1/4 来自中国，居全球首位，其中的贡献主要来自中国巨大的人工造林面积（Chen et al., 2019）。

国家林业和草原局正在制定的"十四五"规划，确定了基本生态建设目标：力争到 2025 年全国森林覆盖率达到 24.1%，森林蓄积量增加 14 亿 m³，达到 190

1　http://www.forestry.gov.cn/main/63/index.html.

2　1 亩等于 1/15 hm²。

亿 m³。草原综合植被盖度增加 1%，达到 57%。湿地保护率达到 55%，60% 可治理沙化土地得到治理。森林碳汇达 7 亿 ~ 8 亿 tCO₂eq·a⁻¹ 以上。《全国森林经营规划（2016—2050 年）》中指出，到 2050 年全国森林覆盖率稳定在 26% 以上，森林蓄积达到 230 亿 m³ 以上（国家林业局，2016）。2018 年全国林业厅局长会议提出 [1]，力争到 2020 年森林覆盖率达到 23.04%，到 2035 年达到 26%，到 21 世纪中叶达到世界平均水平 30.6%。

基于五年一次的全国森林资源清查，采用蓄积—生物量扩展因子方法的估算表明，20 世纪 80 年代以来，中国森林植被碳储量呈增加趋势，30 年增加了约 25 亿 tC，特别是 90 年代以来增加迅速，20 年增加了约 23 亿 tC。我国保存人工乔木林植被碳储量从 80 年代初的 3.3 亿 tC 增加到 2010 年左右的约 10 亿 tC，年均碳储量为 2 200 万 tC 左右（图 2-1）。

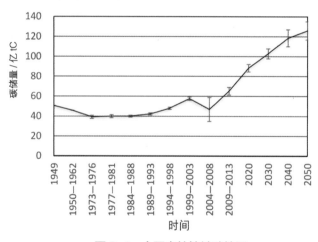

图 2-1　中国森林植被碳储量

数据来源：Fang et al.（2001）；Guo et al.（2010）；Huang et al.（2012）；Pan et al.（2004）；Xu et al.（2010）；Zhang et al.（2014；2018）；李海奎等（2011）；李奇等（2018）；刘国华等（2000）；刘迎春等（2019）；汪业勋（1999）；王效科等（2001）；吴庆标等（2008）；徐新良等（2007）；赵敏、周广胜（2004）。

根据中国可持续发展林业战略研究的规划目标（中国可持续发展林业战略研究项目组，2002），以 2010 年为基年，预计到 2020 年、2030 年、2040 年和 2050 年，中国乔木林碳储量分别为 88.3（79.7 ~ 94.2）亿 tC、102.7（92.4 ~ 114.1）亿 tC、118.4（102.9 ~ 132.0）亿 tC、125.9（111.3 ~ 147.9）亿 tC（Xu et al.，2010；李奇等，2018；Zhang et al.，2018；刘迎春等，2019），从 2020 年到 2050 年每年

1　http://www.gov.cn/xinwen/2018 — 01/05/content_5253593.htm.

平均可增加 1.25 亿 tC。

据研究，以 2000 年为基准年，中国森林经营碳汇于 2020 年以前达到峰值，随后将逐渐降低。造林碳汇潜力将在 2030 年达到峰值，随后也将呈现一定程度的下降（图 2-2）。

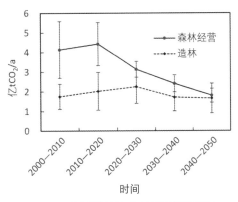

图 2-2　中国造林和森林经营碳汇潜力

数据来源：Xu et al.（2010）；李奇等（2018）；《中国第二次气候变化国家评估报告》。

初步分析表明，中国减缓潜力最大的 10 个 NbS 路径为造林、农田养分管理、避免毁林、农林复合、秸秆生物炭、避免泥炭地转化、稻田水管理、避免草地转化、森林经营、避免薪材采伐，到 2030 年其最大和成本有效的减排潜力如图 2-3 所示。

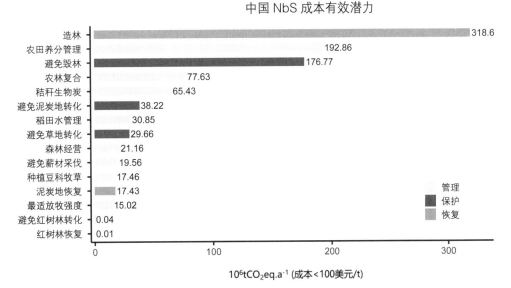

图 2-3　中国 NbS 主要路径减排潜力及成本分析

数据来源：根据 Griscom et al.（2017）和 TNC 最新分析更新结果。

案例

1

云南腾冲多重效益碳汇造林

《京都议定书》于 2005 年 2 月 16 日生效，其中的清洁发展机制（Clean Development Mechanism，CDM）能够协助《京都议定书》缔约方通过造林与再造林活动协助《京都议定书》缔约方实现减限排承诺，并为发展中国家的可持续发展提供了机遇。同时，为保证造林项目的多重效益，相关机构制定并发布了气候、社区和生物多样性（Climate，Community and Biodiversity，CCB）标准。为修复中国西南山地的森林植被，减缓全球气候变化，改善当地社区生计和生产生活环境，保护和建立生物多样性廊道，实现森林的综合效益，并为实施森林修复和林业碳汇交易提供示范，TNC、保护国际及国家林业和草原局（原国家林业局），在美国 3M 公司的资助下，于 2005 年 7 月共同启动了"森林多重效益"项目。

通过 2004 年以来的前期研讨和调研，"云南腾冲小规模再造林景观修复项目"成为全球第一个启动的森林多重效益项目。该项目位于腾冲县北部，通过基线调查和社区调查，项目地块确定在曲石乡、界头乡和猴桥镇的 5 个行政村、17 个自然村以及苏江林场，设计总面积为 467.7 hm^2。项目土地为严重退化的草地、偏远的坡耕地和弃耕地等。该项目的实施有利于缓解贫困和环境保护（保护生物多样性和控制水土流失），为实现当地的可持续发展做出贡献，具体体现在：

● 通过在保护区毗邻地区的造林活动，在社区和保护区之间建立缓冲地带，减少社区居民对保护区的依赖，同时提高森林的连通性。

● 抑制外来入侵物种紫茎泽兰的生长，并控制该物种向保护区的扩展，减轻外来入侵物种对生物多样性的威胁。

● 项目位于重要国际河流耶洛瓦底江的上游——龙川江支流流域，通过再造林活动可以减轻水土流失对该区域的影响。

● 减缓气候变化，计入期为 30 年，预计减排量将超过 15 万 tCO_2eq，年均减排量约为 5 032 tCO_2eq。

● 增加社区收入：农户通过与林场合作造林，共享碳汇和林产品收益。433 户共 2 108 名村民从本项目中受益。

2007 年 1 月，该项目在 CCB 成功备案，成为全球首个获得金牌认证的 CCB 项目。2007—2008 年该项目完成了本地树种秃杉、光皮桦、桤木、云南松混交林的种植。2011 年，在保护国际的支持下，通过监测和第三方核查、核证，首次实现了碳汇交易收益，每亩地可为农民创造 112 元的碳汇收入。同时，项目从当地社区雇用了 5 名专职护林员和 4 名兼职护林员，对项目林分进行了有效管护，同时护林员每年获得近 8 万元的收入。目前项目营造的林分已充分郁闭成林，郁郁葱葱，平均胸径 15 ~ 20 cm，平均树高 15 ~ 18 m。

随后 TNC 与合作伙伴一起基于碳交易标准和 CCB 标准在云南、四川和内蒙古采用多种合作模式，共修复了约 12 500 hm^2 森林植被，预计未来 60 年将产生超过 300 万 tCO_2 的碳汇量。其中"四川西北部退化土地的造林再造林项目"成为全球首个在 CCB 和 CDM 同时备案的造林项目。在四川凉山实施的"诺华川西南林业碳汇、社区和生物多样性造林再造林项目"对项目模式进一步创新，在项目设计阶段提前实现碳汇交易，并将未来 30 年的碳汇收益提前用于支付植树造林和管护所需的费用，大大缓解了项目参与方的资金压力，提高了造林成效。

基于上述经验，TNC 与地方政府和企业等合作伙伴开发了一系列的碳汇项目，包括在黑龙江省伊春市翠兰区开发了全国首个森林经营碳汇CCER 项目；在北京、云南开发多个森林经营、造林和矿区生态修复碳汇项目，预计可产生约 3 000 多万 tCO_2 的碳汇量。此外，作为主要牵头单位之一，TNC 参与开发了中国温室气体自愿减排造林、竹子造林、森林经营、矿区生态修复和湿地修复等相关的方法学；通过与蚂蚁金服合作，开发了蚂蚁森林碳计量的相关方法，间接支持植树造林项目（种植植物多达 1 亿多株）和多个社区保护地项目。

2.2　基于自然的解决方案，适应气候变化

2.2.1　气候变化及其影响概述

气候变化指气候状态的变化，这种变化可根据气候特征的均值和 / 或变率的变化进行识别，而且这种变化会持续一段时间，通常为几十年或更长时间（IPCC，2014）。工业革命以来，人类活动对自然的影响日益加剧。全球气候在既有的自然变率基础上叠加了人类活动的影响，这使得气候变化加速且影响增大（秦大河，2018）。2018 年 IPCC 发布的《1.5℃温升特别报告》指出人为活动引起的碳排放使 2017 年全球地表平均温度相对工业化前上升了约 1℃，平均每 10 年增温 0.2℃（IPCC，2018）。

在自然变率犹存，人为影响尤甚的情况下，气候变化成为当今社会最突出的环境问题之一，给当下经济社会带来诸多负面影响，同时也是未来人类可能面临的巨大风险（吴绍洪等，2020）。2020 年美国加利福尼亚州多地暴发的山火烧毁了近 140 万 hm^2 的森林，释放了近 9 000 万 tCO$_2$，相当于加利福尼亚州一年碳排放总量的 25%[1]。温度升高 2℃或者 1.5℃都将会对海洋、陆地生态系统以及社会经济系统，包括人体健康产生不同程度的风险，亟须引起各国的重视（IPCC，2018）。

就我国而言，气候变化带来的影响与风险几乎涵盖了各类重点领域。在农业领域，气候变化加剧了农田土壤退化，使农田生境向着有利于病虫害暴发的方向发展（傅小琳，2015），而未来还会影响玉米、马铃薯等农作物的产量，引发农作物减产的风险。在水资源领域，由于过去 100 多年的人类活动和气候变化的共同作用，中国主要江河的实际径流量整体呈减少态势，在未来代表浓度路径（Representative Concentration Pathway，RCP）4.5 的排放情景下，水资源总量减少 5% 左右（秦大河，2018）；气候变化使得黄河、海河等河流水流量锐减，水资源地域和时间分布不均，加大了区域内水资源的供需压力，同时加剧了发生径流突变和区域洪旱的风险（马龙等，2015）；针对海岸带环境领域，预计未来三十年，中国沿海海平面将继续上升，导致风暴极值水位的重现期明显缩短，同时会加剧海岸低地的淹没。此外，还会进

1　https://news.mongabay.com/2020/09/off-the-chart-co$_2$-from-california-fires-dwarf-states-fossil-fuel-emissions/.

一步影响生态环境和生物多样性（第二次气候变化国家评估报告，2011）；针对陆地自然生态系统，气候变化的影响主要表现在生境系统退化与消失、使得物种向相对适宜的地区迁移和物候期改变，某些物种濒危或消失等（郑大玮等，2016）；在环境方面，人为排放改变了大气中过敏原的分布和类型，造成中东部地区冬日霾日数显著增加等问题（宋连春等，2013）。

　　除了对农业、水资源、生态系统和环境产生负面影响外，气候变化导致的极端天气事件和平均趋势的改变（干旱、升温等）还会给基础设施、人体健康、城市发展等与人类经济和生产生活息息相关的行业带来越发严峻的挑战。尽管随着各国基础设施的改善和提高，因灾死亡的人数有所下降，但过去40年间与气候有关的灾害事件发生的频次以及造成的经济损失仍然呈逐年上升趋势（图2-4）。

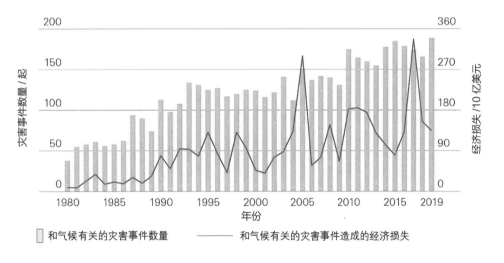

图 2-4　1980—2019 年与气候有关的灾害事件发生的次数和造成的经济损失

数据来源：Swiss Re（2020）。

　　减缓和适应是应对气候变化两个同等重要的环节。即使人类通过最快速、最高效的减缓行动在21世纪末将全球长期升温幅度控制在2℃或1.5℃以内，气候变化仍将对陆地生态系统、淡水、海岸带、农业和人类生产生活产生一系列的影响。我国2011年发布的《气候变化绿皮书》指出：加强适应气候变化特别是应对极端气候事件的能力建设，努力化解经济社会发展中存在的气候风险，是保障我国可持续发展的战略选择（中国社会科学院城市发展与环境研究所，2011）。因此与减缓工作的长期性相比，适应（积极调整以应对气候变化带来的影响和风险）则更为现实和紧迫，二者相辅相成，缺一不可。

2.2.2　适应气候变化的基本概念和规划框架

了解适应气候变化的概念，需要认识适应和韧性（resilience）的基本区别及联系。IPCC 将韧性定义为：某社会、经济和环境系统处理灾害性事件、趋势或扰动，并在响应或重组的同时保持其必要功能、定位及结构，并保持其适应、学习和改造等能力的能力（IPCC，2014）。适应是指人们对现在的（或者预期中）气候变化及其所带来的影响及后果做出的调整与响应的过程（IPCC，2014）。因此韧性的关键词是能力，而适应是一种过程，韧性可以被看作是适应的结果。

为保证有效地开展适应工作，首先需要了解气候变化带来的风险，气候变化不仅仅只有负面的影响，有时候也会带来机遇，需要正确辨识，加以区分。例如气候变暖会使部分高纬度地区受益，体现在作物生长期延长、种植界北扩有利于产量增长、道路交通条件改善、建筑施工期延长等（郑大玮等，2016）。

风险一般可表述为：灾害事件或趋势的发生概率（或可能性）乘以这些事件或趋势发生后产生的影响。风险主要受到 3 个因素的影响，包括危害、脆弱性和暴露度（IPCC，2014）。其中危害是指可能发生的自然或人为物理事件的趋势或物理影响，通常指的是气候灾害发生的频率或强度。暴露度是指人员、生计、环境服务和各种资源、基础设施等处于有可能受到不利影响的位置。脆弱性是指易受不利影响的倾向或习性。例如，同样的病毒可能使老人和孩子患病，而青壮年人群不易被感染，这体现了因受体脆弱性不同会造成完全不同的结果。对于适应和风险最基本的了解，有助于读者认识和了解如何科学主动地开展适应行动以降低可能的影响或损失，同时还可以积极主动地利用气候变化带来的有利条件或机遇（图 2-5）。

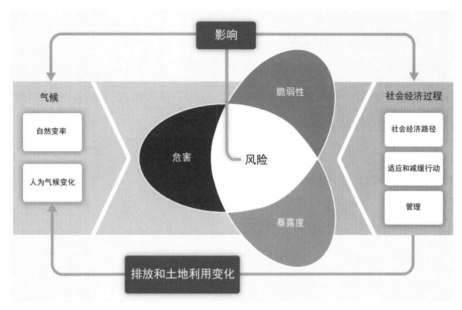

图 2-5　气候风险的概念示意图

资料来源：联合国政府间气候变化专门委员会（2014）。

　　基于证据的合理规划在适应行动中必不可少。根据全球目前普遍的实践经验来看，适应气候变化主要通过以下步骤进行，包括规划范围、分析、实施三大主要环节。其中，通过风险分析了解气候变化过去造成的影响并预估未来的风险，给实施和监督评估工作提供了坚实的基础，使设计的适应行动能够做到有的放矢，且容易评估工作成效（图 2-6）。

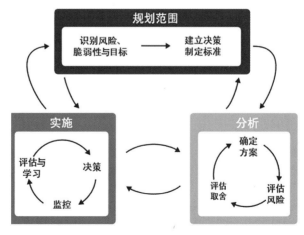

图 2-6　基于风险的适应规划流程图

资料来源：联合国政府间气候变化专门委员会（2014）。

然而在实际的操作过程中，适应工作仍存在诸多挑战。由于缺乏系统全面的认识以及可量化的目标和清晰的路径，目前很多地区采取的适应措施大多是自发的、被动的、缺少系统的规划和科学支撑（许吟隆等，2011）。特别是因为缺乏有效的数据开展风险分析和后续的监测评估工作，导致难以评估这些行动如何提升适应能力且成效如何。

2.2.3　NbS 在适应气候变化中的作用

NbS 通过对生态系统的保护、修复和可持续利用，充分发挥生态系统的服务功能，能够在一定程度上降低人类和社会经济系统对于极端气候事件或者缓发事件（高温、干旱等）的暴露程度，降低其脆弱性，从而降低气候风险。NbS 可以应用在农、林、水、防灾减灾、城市建设等各行各业。例如通过保护或修复城市湿地，除了能够涵养和净化水源、改善饮水安全外，还能降低洪涝发生的风险；通过保护或修复红树林可以降低海岸带地区风暴潮和洪涝风险；通过城市和建筑物屋顶绿化降低城市热岛效应；通过生物防治技术减少农药的使用，提升粮食安全，改善环境和人体健康等。但是 NbS 不是万能的"解药"，需要根据实际的情况来综合的评价其作用和效果。总体来看，基于生态系统的适应（Ecosystem-based Adaptation，EbA）和通过绿色基础设施提升自然和社会经济系统的韧性等，是未来 NbS 在不同行业和领域提升适应能力的有效手段。

EbA，是指利用生态系统服务和功能帮助人类适应气候变化的不利影响。EbA 需要综合利用多种技术与管理手段，包括生态系统服务价值核算、气候变化脆弱性评估、可持续生计评估等。从全球的发展来看，EbA 的推广存在多重挑战，尽管在国家自主贡献中有所提及，但是仍缺乏清晰的目标，迄今为止所有提交国家自主贡献的缔约方中，仅有 24 个缔约方明确地提及利用生态系统服务作为适应手段（王国勤等，2020）。

绿色基础设施是一个跨尺度、多层次、相互联系的绿色空间网络，以绿色技术为手段对场地进行人居环境的综合设计以修复和完善生态系统服务，包括绿道、湿地、雨水花园、绿色屋顶等具体措施。它包含自然生命支持系统、基础设施化的城乡绿色空间和绿色化的市政工程基础设施三个层次，提供全方位的生态系统服务，是城市发展与土地保护的基础性空间框架。该系统在宏观尺度上承载着水源涵养、旱涝调蓄、气候调节、水土保持、防止沙漠化和生物多样性保护等传统的生态服务和功能，为野生动物迁徙提供起点和终点；而在中观尺度上作为基础设施的绿色空间，为城市提供缓解洪涝灾害、控制水质污染、修复城市生境、提高空气质量和缓解城市热岛效应等服务，同时还承载了城市公共空间的游憩、审美、文化等功能且节约了城市管理的成本（栾博等，2017）。

NbS在适应气候变化领域的潜力不容忽视，然而由于针对该领域的研究不足，在全球和国家层面，适应气候变化领域尚缺乏可量化的指标，且目前对NbS的关注度还有待提高，使得NbS的适应成效很难进行量化评估。

案例

2

适应气候变化的 32 个陆地生物多样性保护优先区

保护区作为最有效的保护生物多样性的手段之一，需要通过科学的设计和规划方可发挥最大的保护作用。目前的系统保护规划方法以静态为主，在设计时并没有考虑未来气候变化的影响，因此如何保证保护区这一最有效的保护手段在气候变化背景下长期有效地发挥作用，成为系统保护规划领域的关键问题。在过去60 多年的发展历史中，TNC 开发了一种系统的保护规划方法，在全球生物多样性保护中发挥了巨大的作用。

2005—2008 年，TNC 参与了由国家环境保护总局主持的"中国生物多样性保护战略与行动计划"，利用"系统保护规划"方法体系，确定了 32 个中国陆地生物多样性优先保护区（以下简称"优先保护区"）。这些区域都具有生物多样性丰富的特点，对优先保护区的有效保护是中国实现可持续发展的重要保障。但是随着气候的变化，这些优先保护区或多或少都将受到影响，所以在优先保护区制定适应气候变化的保护行动尤其重要。

该行动计划的主要目标是：通过对中国 32 个优先保护区进行全面的气候变化影响带来的风险评估，示范和推广 NbS 以提高优先保护区的气候变化适应能力，有效应对气候变化带来的不利影响。

第一阶段（2009—2010 年）：对 32 个优先保护区进行气候变化影响的宏观评估，分析了气候变化对 32 个优先保护区中大的植被及生物群的影响，并根据严重性程度进行排序；针对这些影响，分析相应的适应措施。

第二阶段（2010—2012 年）：选择具有代表性的优先保护区进行深入研究。例如，该项目通过对四川的深入研究，旨在了解气候变化对保护对象（生态系统层面和物种层面）可能产生的影响以及物种和生态系统对气候变化的响应，并识别出物种为适应气候变化所需要的迁移廊道，在此基础上建立了气候变化背景下有效的生物多样性保护网络（Conservation Portfolio）。在保护对象上，除了物种、生态系统的当前分布外，该项目还增加了对未来物种、生态系统的分布预测，以应对气候变化对物种及生态系统分布产生的影响。此外研究团队还将气候庇护所作为保护对象，在一定程度上弥补了数据的不足，并保留了潜在的生物多样性丰富场所。在生境适宜性因子的选择上，除了当前的人为活动干扰外，该项目还增加了未来气候的变化强度和各地的气候韧性，以减少气候变化的压力。最后，该项目还增加了连通廊道，以应对气候变化背景下物种的迁移需求，提高了保护网络之间的连通性，并在此基础上总结出一套能够在全国推广的、系统的方法。

第三阶段：总结经验进行成果推广。该项目在技术、政策建议和沟通宣传等方面都取得了诸多成果。例如，该项目在全国层面建立了"气候变化暴露度—敏感度—影响评价框架"，设计暴露度指数、敏感度指数和植被变化指数系统评价指标体系；全面评价了我国 32 个优先保护区面对气候变化的脆弱性并进行排序，识别受气候变化影响最剧烈的优先保护区，同时发布了《中国 32 个陆地生物多样性优先保护区气候变化影响评估报告》以及相关方案、案例和保护网络识别工具集等。该项目对于优先保护区的评价成果为《四川省生物多样性保护战略与行动计划（2011—2020 年）》提供了关键的技术支持。为了提升公众影响力，TNC 还开发建立了气候变化数据集和 ClimateWizard[1] 气候向导公众网站，为政府制定气候适应策略和行动提供技术支持。

2.2.4　全球和中国开展的气候变化适应行动简要回顾

从过去几十年的发展历程来看，国际社会对于气候变化适应领域的研究经历了从无到有，从"为什么要适应"到"如何适应"的演变过程（Adaptation Committee，2019）。进入 21 世纪以来，国际社会对于采取适应行动的重要性和紧迫性的认识逐步提高，包括英国、德国、法国、荷兰、西班牙、丹麦、瑞士等国家都发布了气候变化适应战略。这些国家战略通常关注洪水管理和预防、基础设施改善和加强、土地利用管理与空间规划、城市绿化、生态系统管理、

1　http://www.climatewizard.org/.

健康行动计划等领域（科学技术部社会发展科技司等，2011），其中诸多领域都和 NbS 相关。

2018 年成立的全球适应委员会（Global Commission on Adaptation，GCA），是由国际组织和各国高层领导人组成的专门关注适应工作的国际机构，中国是 17 个发起国之一。2019 年，GCA 在北京发布的全球旗舰报告——《即刻适应：呼吁全球领导力加强气候韧性》，该报告号召各国加速适应气候变化行动与全球领导力，指出未来五年开展适应行动应该重点关注的五大关键领域，包括加强早期监测预警系统、建设具有高风险抵御能力的基础设施、优化旱地耕作方式、保护红树林、改善淡水资源管理（GCA，2019），其中 4 项都与 NbS 有关。

2007 年我国发布的《中国应对气候变化国家方案》，首次提出了减缓与适应并重的原则。2013 年发布的《国家适应气候变化战略》，提出要将适应气候变化的要求纳入中国经济社会发展的全过程和 2020 年工作目标，包括适应气候变化能力显著增强、重点任务全面落实、适应区域格局基本形成等方面内容，该战略为统筹开展适应气候变化政策与行动提供了战略指导。在此期间，我国也在各个领域开展了一系列与适应气候变化有关的工作或研究，其中也包括一些国际合作项目。例如 2014 年农业部和世界银行共同实施由全球环境基金资助的"气候智慧型主要粮食作物生产项目"、中英瑞合作的"中国适应气候变化项目"等。

2014 年发布的《国家应对气候变化规划（2014—2020 年）》对于建立健全适应气候变化的体制机制提出了明确要求。针对自然领域，该规划强调森林、草原、湿地等生态资源得到有效保护，荒漠化和沙化土地得到有效治理。2016 年，我国发布《林业适应气候变化行动方案（2016—2020 年）》[1]，该方案提出，到 2020 年，林木良种使用率提高到 75% 以上，森林覆盖率达 23% 以上，森林蓄积量达 165 亿 m^3 以上，对森林火灾、主要林业有害生物成灾率、对国家重点保护野生动植物的保护率等提出了一系列的目标和任务。

2016 年，国家发展改革委联合住房城乡建设部发布了《城市适应气候变化行动方案》，2017 年年初，确定以全面提升城市适应气候变化能力为核心，以实现城市的安全运行和可持续发展为目标，启动了气候适应型城市建设试点工作。NbS 在重点的适应行动中得到体现，包括增强城市绿地、森林、湖泊、湿地等生

1　http://www.forestry.gov.cn/main/58/20160722/891197.html.

态系统在涵养水源、调节气候、保持水土等方面的功能；保留并逐步修复城市河网水系，加强海绵城市建设，构建科学合理的城市防洪排涝体系等。我国适应气候变化工作发展演变见图 2-7。

图 2-7　我国适应气候变化工作发展演变

　　尽管试点取得了部分进展，但需要意识到，目前我国对适应气候变化相关的工作还存在认识不足、基础研究能力不足、工作制度和配套保障不完善、跨部门协作机制不健全等问题（付琳等，2020）。以上种种不足给 NbS 在适应领域的推行也带来诸多的挑战，需要继续开展研究和试点工作，以展示 NbS 如何提高适应能力。

案例

3

纽约霍华德海滩适应气候变化的最佳途径[1]

　　纽约皇后区霍华德海滩社区占地约 1 530 hm²，约有常住居民 14 700 人。这里居民的收入普遍较高，失业率低，住宅多为独栋住宅，但是受交通区位影响，建筑类基础设施配置有限。该社区大部分位于百年一遇的洪涝区。2012 年 10 月 29 日，飓风"桑迪"登陆纽约，造成约 125 人死亡，经济损失超过 190 亿美元。为提升城市未来预防和应对灾害的能力，纽约市发起了"重建韧性特别倡议"（Special Initiative for Rebuilding Resiliency，SIRR），邀请 TNC 评估基于自然的绿色和灰色基础设施在保护沿海社区免受海平面上升、风暴潮和沿海洪水影响方面的作用。

　　2013 年，SIRR 发布了《一个更强大，更具韧性的纽约》报告，提出在随后的 4 年内推进 250 余项旨在增强纽约防灾能力的工作，包括综合利用湿地系统与灰色基础设施、对霍华德海滩进行改造等。

　　TNC 基于上述背景，结合 SIRR 发布的报告，通过对可能的替代保护性基础设施进行技术分析和建模，评估了这些措施的防洪效果和社会效益，系统分析了从纯绿色到纯灰色的若干备选方案（图 2-8）。

1　https://www.nature.org/en-us/about-us/where-we-work/united-states/new-york/stories-in-new-york/natural-infrastructure-study-at-howard-beach/.

图2-8　基础设施备选方案过渡示意图（其中混合基础设施涵盖若干子方案）

资料来源：TNC（2015）。

　　第一种方案是完全利用 NbS 手段进行改造。该方案计划在春溪公园新建和修复大约 140 英亩[1] 的湿地，将以芦苇为主的低质高地改造为潮间带栖息地。新创建的盐沼与一个大约 5 英尺[2] 宽的沿整个海岸线（大约 1.2 英亩）创建的贻贝床相互补充。第二种方案也基本是全绿色的基础设施方案，但是与第一种方案相比，涉及更多的生态修复措施。该方案除了增加湿地修复面积外，也加大了贻贝床的面积，并依照现有土地建设了不连续的沼泽护堤。第三种方案则强调灰绿结合的措施。该方案提议在公园内修复 120 英亩的湿地。与此同时，第三种方案提议在三个区域安装可移动防洪墙。考虑到周边 Shellbank 盆地和 Hawtree 盆地的情况，无法安装可移动的防洪墙，因此该方案中临海房产（包括 Crossbay 大道西侧的商业地产和整个老霍华德海滩）将直接遭受洪水的侵袭。

　　第四种方案也是混合方案，与方案三类似，不同之处在于它在 Shellbank 盆地和 Hawtree 盆地使用了可关闭的防洪闸，同时使用了双层板桩墙将每个通道缩窄至 45 英尺，从而降低了防洪闸的成本。防洪闸的闸门是由钢板建造的，当风暴发生时，闸门会朝向海湾，这样水压就能帮助闸门关闭。第五种方案是纯灰色的基础设施方案。它不是通过公园或牙买加湾修复湿地，而是依靠周边延伸的防洪墙，加上在 Shellbank 盆地和 Hawtree 盆地的防洪闸开展防洪。

　　在此基础上，模型还叠加了美国联邦应急管理局（Federal Emergency Administration of the United States，FEMA）和纽约市气候变化专门委员会（New York City Panel on Climate Change，NPCC）对海平面上升情景的预测分析，分别

1　1 英亩等于 0.404 7hm²。
2　1 英尺等于 0.304 8m。

预测了海平面上升 12 英寸 [1] 和 32 英寸时的情景，对其中三种替代方案的风险降低能力进行了建模分析，以了解这些措施的防灾减灾能力在未来 50 年中将如何变化。

基于这些初步的预测成果和实地情况，TNC 的研究进一步着眼于社区尺度的保护替代方案。根据之前 FEMA 的倡议，如果将每栋房屋的高度提高到洪峰基线以上，同时再加装 2 英尺高的干舷，需要的总成本估计将超过 7 亿美元（约合每栋 16.4 万美元），约为本研究中确定的最昂贵的替代方案预算的 2.5 倍。

尽管目前并没有直接的数据能够反映出上述案例产生的环境效益、社会效益和风险收益等，通过模型，笔者认为当生态系统服务功能被纳入成本效益分析时，混合基础设施——将基于自然的绿色基础措施与灰色基础设施相结合——是成本效益最大化的保护措施，可以有效抵御因海平面上升引起的风暴潮和海岸洪水，同时可以提供多种生态系统服务，如提供野生动物栖息地、净化水源、促进营养循环和碳储存等。如果使用清一色的灰色基础设施作为防洪措施则可能会造成更多的损失，并错失产生额外经济效益和生态系统服务的机会（如旅游、休闲娱乐等）。

2.3 结语与建议

为实现《巴黎协定》的目标，需要在化石燃料领域深度减排，同时应尽早开展气候变化适应行动，以避免产生不良影响和损失。开展上述行动需要进行大规模的技术研发并广泛应用新兴技术，因此可能还需几十年才能趋于成熟。值得注意的是，在能源、交通、制造、基本建设、建筑以及土地利用等行业，无论如何减排，均或多或少存在剩余排放问题。中国要在 2060 年前实现碳中和目标，需要应用 NbS 对生态系统进行保护、修复和可持续管理，通过增强生态系统的碳吸收功能来抵消剩余排放，且越早开展行动所付出的成本越低。因此在 21 世纪中叶前，在世界迈向碳中和的关键之际，NbS 尤为重要，加速推动 NbS 的实施刻不容缓。为充分发挥 NbS 在应对气候变化中的作用并及时付诸行动，现从国际和国内两个视角提出如下建议。

（1）提升 NbS 在新一轮 NDCs 中的贡献。目前各缔约方提交的 NDCs 中对 NbS 的重视程度不够，特别是附件 I 缔约方。中国作为 NbS 的牵头国，需大力推进各缔约方在新一轮 NDCs 更新中的作用，加强有关 NbS 的自主定量承诺，同时

---

1 1 英寸等于 0.025 4m。

制定如何将 NbS 路径纳入现有的 NDCs 框架的指南。

（2）优先支持发展中国家和地区开展 NbS 行动。发展中国家和地区既是实施 NbS 潜力最大的国家和地区，也是受气候变化影响最大的国家和地区。因此，在应对气候变化的国际资金机制中，应优先支持发展中国家和地区开展 NbS 行动。国家层面同样需要考虑在欠发达地区优先支持开展 NbS 行动。

（3）梳理中国 NbS 路径。开展 NbS 路径的潜力及相关社会经济环境分析，有利于识别成本低、效益好的中国 NbS 优先发展路径，为在中国推动 NbS 提供技术支撑。这些潜在的优先发展路径包括但不限于造林、森林经营、湿地（包括海岸带生态系统）保护和修复、泥炭地保护和修复、减少毁林、保护性耕作、农田养分管理、可持续放牧和草地管理、稻田水分管理、农（牧）林复合、荒漠化防治等。

（4）开展 NbS 主流化的相关激励政策和机制研究，制定多目标、多领域 NbS 协同治理的政策、措施和行动。包括但不限于将 NbS 纳入中国下一阶段的 NDCs 的方式和目标设定、碳市场中对于 NbS 的激励机制和政策、生态补偿和农业补贴补偿政策与 NbS 的整合等。

（5）推动多领域 NbS 协同治理。基于 NbS 在气候变化、生物多样性和其他环境及社会经济方面的多重效益，建议评估气候变化背景下 NbS 优先路径对适应气候变化、生物多样性、生态文明建设、减灾防灾、扶贫减困等领域的协同效应以及上述领域重点措施和行动的气候贡献。推动 UNFCCC、UNCBD 和 UNCCD 等联合国环境公约的协同履约机制，制定和实施协同履约的具体措施和行动计划。

（6）梳理和总结中国 NbS 案例，引入国际成功的 NbS 案例，为中国推动 NbS 提供经典案例。同时，通过"一带一路"倡议、南南合作等国际合作平台，输出中国 NbS 的成功案例，引领国际 NbS 进程。

（7）加强与企业的沟通和合作。积极主动寻找、促进企业参与开展 NbS 行动，通过倡导、能力建设和案例实践等形式探索企业实践 NbS 的方法，引导政府出台激励措施，鼓励企业参与 NbS 领域并吸引社会投资。

（8）针对未来重大的气候风险进行区域性规划，同时开展综合的适应行动。应对未来气候变化给我国带来的风险正在加剧且地区间差异较大。在对不同系统或部门进行气候变化风险综合评估的基础上，对于风险来源不同、等级不同的地区进行划分和统筹管理，进一步推动 NbS 措施的本土化和区域化管理。

参考文献

Adaptation Committee, 2019. 25 years of adaptation under the UNFCCC[R].Bonn:UNF-CCC.

Bossio D A, Cook-Patton S C, Ellis P W, et al., 2020. The role of soil carbon in natural climate solutions[J]. Nature sustainability, 3(5):1-8.

Buchner B, Falconer A, Hervé-Mignucci M, 2012. The landscape of climate finance 2012[R].London: Climate Policy Initiative.

Chen C, Park T, Wang X, et al., 2019. China and India lead in greening of the world through land-use management[J]. Nature sustainability, 2(2): 122-129.

Fang J Y, Chen A P, Peng C H, et al., 2001. Changes in forest biomass carbon storage in China between 1949 and 1998[J]. Science, 292(5525): 2320-2322.

GCA, 2019. Adaptation now: a global call for leadership on climate resilience[R].Rotter-dam: Global Commission on Adaption and World Resource Institute.

Griscom B W, Adamsa J, Ellis P W, et al., 2017. Natural climate solutions[J]. Proceed-ings of the National Academy of Sciences of the United States of America, 114(44): 11645-11650.

Guo Z, Fang J, Pan Y, et al., 2010. Inventory-based estimates of forest biomass carbon stocks in China:A comparison of three methods[J]. Forest Ecology and Management, 259(7):1225-1231.

Huang L, Liu J, Shao Q, et al., 2012. Carbon sequestration by forestation across China: Past, present, and future[J]. Renewable and Sustainable Energy Reviews, 16(2): 1291-1299.

IEA, 2020. Global Energy Review 2020[R]. Paris: IEA.

IPCC, 2014. Climate change 2014: mitigation of climate change[R]. Geneva: WMO, 117-130.

IPCC, 2018. Summary for policymakers in: global warming of 1.5℃ : An IPCC Special Report[R]. Geneva: WMO.

IPCC, 2019. Climate change and land: an IPCC special report on climate change, desertification, land degradation, sustainable land management, food security, and greenhouse gas fluxes in terrestrial ecosystems[R]. Geneva: WMO.

Pan Y, Luo T, Birdsey R, et al., 2004. New estimates of carbon storage and sequestration in China's forests: effects of age-class and method on inventory-based carbon estimation[J]. Climatic Change, 67(2-3):211-236.

Swiss Re Institute, 2020. Sigma report: Natural catastrophes in times of economic accumulation and climate change[R]. Zurich: Swiss Re Institute.

TNC, 2015. Urban coastal resilience: valuing nature's role-case study: Howard beach, queen[R]. New York: TNC.

UNEP, 2015. The emissions gap report[R]. Nairobi: UNEP

UNEP, 2019. Emissions gap report[R]. Nairobi: UNEP.

UNEP, 2020. Emissions gap report[R]. Nairobi: UNEP.

WEF, 2020. The Global Risks Report[R]. Geneva: WEF.

WMO, 2020. WMO Statement on the State of the Global Climate in 2019[R]. Geneva: WMO.

Xu B, Guo Z D, Piao S L, et al., 2010. Biomass carbon stocks in China's forests between 2000 and 2050: A prediction based on forest biomass-age relationships[J]. Science China: Life Sciences, 53(7): 776-783.

Zhang C, Ju W, Chen J, et al., 2018. Sustained Biomass Carbon Sequestration by China's Forests from 2010 to 2050[J]. Forests, 9(11): 689-708.

Zhang C, Ju W, Chen J, et al., 2013. China's forest biomass carbon sink based on seven inventories from 1973 to 2008[J]. Climatic Change, 118(3-4):933-948.

Zomer R.J., Bossio D.A., Sommer R., et al., 2017. Global Sequestration Potential of Increased Organic Carbon in Cropland Soils[J]. Scientific Reports, 7(1):15554-15562.

大自然保护协会，2010. 气候变化对中国生物多样性保护优先区的影响与适应研究报告 [R]. 北京：大自然保护协会 .

第二次气候变化国家评估报告编写委员会，2011. 第二次气候变化国家评估报告 [M]. 北京：科学出版社：x-xi.

付琳，曹颖，杨秀，2020. 国家气候适应型城市建设试点的进展分析与政策建议 [J]. 气候变化研究进展，16(6): 770-774.

傅小琳，2015. 气候变化对临朐玉米、小麦部分病虫害发生规律的影响 [D]. 泰安：山东农业大学 .

国家林业和草原局，2019. 中国森林资源报告 (2014—2018) [M]. 北京：中国林业出版社 .

国家林业局,2016. 全国森林经营规划 (2016—2050 年) [M]. 北京: 中国林业出版社 .

科学技术部社会发展科技司，中国 21 世纪议程管理中心，2011. 适应气候变化国家战略研究 [M]. 北京：科学出版社 .

李海奎，雷渊才，曾伟生，2011. 基于森林清查资料的中国森林植被碳储量 [J]. 林业科学，47(7):7-12.

李奇，朱建华，冯源，等，2018. 中国森林乔木林碳储量及其固碳潜力预测 [J]. 气候变化研究进展，14 (3): 287-294.

政府间气候变化专门委员会，2014. 第五次评估报告第二工作组报告决策者摘要部分：影响、适应和脆弱性 [M]. 剑桥：剑桥大学出版社 : 1-32.

刘国华，傅伯杰，方精云，2000. 中国森林碳动态及其对全球碳平衡的贡献 [J]. 生态学报，20(5):733-740.

刘迎春，高显连，付超，等，2019. 基于森林资源清查数据估算中国森林生物量固碳潜力 [J]. 生态学报，39(11):4002-4010.

栾博，柴民伟，王鑫，2017. 绿色基础设施研究进展 [J]. 生态学报，37(15): 5246-5261.

马龙，刘廷玺，马丽，等，2015. 气候变化和人类活动对辽河中上游径流变化的贡献 [J]. 冰川冻土，37(2):470-479.

秦大河，2018. 关注气候变化，保护人类健康 [J]. 山东大学学报 (医学版)，56(8):1-2.

宋连春，高荣，李莹，等，2013. 1961—2012 年中国冬半年霾日数的变化特征及气候成因分析 [J]. 气候变化研究进展，9(5):313-318.

汪业勋，1999. 中国森林生态系统区域碳循环研究 [D]. 北京：中国科学院地理科学与资源研究所.

王国勤，付超，徐湘博，等，2020. 气候变化南南合作视角下基于生态系统的适应的经验启示 [J]. 环境保护，48 (13):25-28.

王效科，冯宗炜，欧阳志云，2001. 中国森林生态系统的植物碳储量和碳密度研究 [J]. 应用生态学报，12(1):13-16.

吴庆标，王效科，段晓男，等，2008. 中国森林生态系统植被固碳现状和潜力 [J]. 生态学报，28(2):517-524.

吴绍洪，赵东升，2020. 中国气候变化影响、风险与适应研究新进展 [J]. 中国人口·资源与环境，30(6):1-9.

徐新良，曹明奎，李克让，2007. 中国森林生态系统植被碳储量时空动态变化研究 [J]. 地理科学进展，26(6):1-10.

张小全，谢茜，曾楠，2020. 基于自然的气候变化解决方案 [J]. 气候变化研究进展，16(3):336-344.

赵敏，周广胜，2004. 中国森林生态系统的植物碳贮量及其影响因子分析 [J]. 地理科学，24(1):50-54.

郑大玮，潘志华，潘学标，等，2016. 气候变化适应 200 问 [M]. 北京：气象出版社.

中国可持续发展林业战略研究项目组，2002. 中国可持续发展林业战略研究总论 [M]. 北京：中国林业出版社.

中国气象局气候变化中心，2020. 中国气候变化蓝皮书 [M]. 北京：科学出版社.

王伟光，郑国光，2011. 气候变化绿皮书：应对气候变化报告——德班的困境与中国的战略选择 [M]. 北京：社会科学文献出版社.

附表　方法和工具清单

方法	工具/报告	简介	链接
森林碳汇	退化土地竹子造林碳汇方法学	适用于退化土地上的竹子造林方法学，应用该方法学可对竹子造林产生的碳汇量进行科学计算，为在退化土地恢复、碳汇等工作中进行环境效益和社会效益的测算奠定方法学基础	详情咨询：china@tnc.org（TNC）
	碳汇造林方法学	该方法学适用于温室气体自愿减排交易体系下以增加碳汇为主要目的的碳汇造林项目活动（不包括竹子造林）的碳汇量的计量与监测，并且更符合中国林业现状和中国温室气体自愿减排的实际情况	
	森林经营碳汇项目方法学	该方法学用于推动以增加碳汇为主要目的的森林经营活动。可规范国内森林经营碳汇项目设计文件编制、碳汇计量与监测等工作，确保森林经营碳汇项目所产生的中国核证减排量（CCER）达到可测量、可报告、可核查的要求	
湿地碳汇	湿地恢复项目碳汇方法学	该方法学填补了中国温室气体自愿减碳交易体系方法学的空白，对推进我国湿地保护和恢复工作、实现湿地减排增汇、通过碳交易助力脱贫增收具有重要意义。该方法学包括红树植物造林、退耕还湿、排干湿地还湿和湿地可持续放牧等四项湿地恢复措施，制定了科学且适用性强的方法，具有创新性和可操作性	
其他碳汇	小规模非煤矿区生态修复项目碳汇方法学	该方法学目的在于恢复矿区生态环境，促进矿区经济与环境协调发展。该方法学专门针对非煤矿山废弃地，简化了基线情景和额外性论证；提出了适于矿区修复的、基于单株林木的抽样、监测和计量方法；简化了土壤有机碳的计量，提出了土壤碳的缺省值计量方法；考虑了其他方法学未涉及的石灰施用引起的CO_2排放，并提供了详细的方法和缺省参数；考虑了其他方法学未涉及的客土使用引起的温室气体排放情况，包括挖掘和运输客土引起的温室气体排放，提供了详细的方法和缺省参数	

方法	工具/报告	简介	链接
气候数据库和分析平台	气候变化分析向导	该网站能够以交互地图和图表的形式为访问者提供动态查询，使其可以直观地看到在中国任意区域发生过的气候变化和未来可能发生的气候变化，为气候变化各相关领域的科学家、工作人员、决策者分析和研究气候变化带来的影响提供帮助，为政府制定气候适应策略和行动提供决策支持	http://tnc.org.cn/upload/20130719/233754.pdf
基于自然的气候变化解决方案（Natural Climate Solutions, NCS）	NCS 全球潜力地图	该地图帮助用户了解包涵自然和人工生态系统保护、修复和可持续管理在内的16条路径，对在全球及国家层面上减缓气候变化起到了作用	https://nature4climate.org/n4c-mapper/
	土壤信息平台	该平台致力于帮助访问者对土壤碳保护与恢复的理解、讨论，推动其进行目标设定和投资决策	https://soilsrevealed.org/
更多报告的延伸阅读：https://www.nature.org/en-us/what-we-do/our-insights/natural-climate-solutions/；https://www.nature.org/en-us/what-we-do/our-insights/climate-policy/			

3

基于自然的
解决方案
提升生物多样性
——
Nature-based Solutions
Improving Biodiversity

　　人们通常将生物多样性简单地理解为多种多样的植物、动物和微生物，但它也包括各物种内存在的遗传差异，比如不同品种的农作物和牲畜，还包括森林、湖泊、草原、海洋等类型各异的生态系统。《联合国生物多样性公约》（UNCBD）将生物多样性定义为：所有来源的形形色色生物体，这些来源包括陆地、海洋和其他水生生态系统及其所构成的生态综合体；这包括物种内部、物种之间和生态系统的多样性[1]。简而言之，生物多样性可以被描述为"地球上生命的多样性"。

　　生物多样性是人类生存之本，是地球生命支持系统的核心组成部分，为人类提供了生活资源和生存环境。人类的衣食住行，样样都离不开生物多样性：人类依赖生物的基因多样性来抵御农业病虫害、提高产量；依赖物种多样性可以获得丰富的食物、种类齐全的药材、充足的工业原料；依赖健康的生态系统来净化水和空气，来完成包括水、氧气和碳在内的物质循环。生物多样性及其提供的生态系统服务和生态产品是一切经济活动和人类福祉的基础。

　　然而，随着人口的迅速增长和人类活动的加剧，生物多样性受到了严重的威胁，一些物种正处于大规模灭绝的边缘，生物多样性锐减成为当今世界性环境问题之一。如果不做出任何改变，生物多样性的丧失将对人类造成严重影响。新型冠状病毒肺炎（COVID-19）疫情的暴发是大自然敲响的警钟，它清楚地表明，破坏生物多样性就是在毁灭支持人类生命存续的系统根基。遏制并扭转生物多样性的退化趋势是修复和维持地球健康的唯一途径。

　　然而要想实现 2050 年"人与自然和谐共生"的愿景，就要求人类在众多活动中尽力改变"一切照旧"的做法，在关键领域进行一系列转型，推动社会与自然以更可持续的模式相处。在每一个转型领域都需要确认生物多样性的价值，加强或修复所有维系人类活动的生态系统功能，同时确认并减少人类活动对生物多样性的负面影响，并由此开启一个良性循环——减少生物多样性的丧失和退化，增进人类福祉（CBD 秘书处，2020）。

　　NbS 在这一大背景下应运而生。它跳出了传统意义上"为了自然而保护自然"所造成的生物多样性保护议题被边缘化的困境，而是重新审视人类与自然的关系，从"以人为本"的视角出发，更加强调了生态系统能够为人类社会提供的各种服

1　Convention on Biological Diversity. Article 2. Use of Terms. https://www.cbd.int/convention/articles/?a=cbd-02 .

务及其价值，将保护生物多样性本身作为应对目前人类社会面临主要挑战的一种解决方案，从而有助于推动生物多样性保护在农业、水资源管理、基础设施建设、公共健康、城乡发展规划等多个社会经济关键领域的主流化，以加快可持续转型的进程。本部分将重点阐释 NbS 与生物多样性保护的关系，并提供了 NbS 提升生物多样性并推动其主流化的主要方式、进展和相关案例。

3.1　全球生物多样性危机

丰富多样的生物是地球经过几十亿年演变进化的结果，也是人类文明发展的基础。自然对人类的贡献至关重要，大多数不能被完全替代，有些甚至是不可替代的。例如，20 多亿人依赖木材燃料来满足他们的初级能源需求，约 40 亿人的健康保健主要依赖天然药物，用于治疗癌症的药物中约 70% 是天然药物或源于自然的合成药品；全球 75% 以上的粮食作物类型依靠动物传粉；海洋和陆地生态系统每年的固碳总量相当于全球人为碳排放量的约 60%（IPBES，2019）。

虽然人们日渐认识到生物多样性的巨大价值，但近几个世纪以来，生物多样性正以前所未有的速度丧失。从遗传多样性层面，全球范围内的本地栽培植物和驯化动物种类和品种正在减少，农业系统对害虫、病原体和气候变化等威胁的抵御能力正在减弱。截至 2016 年，在用于农业的 6 190 种驯养哺乳动物中，有 559 种（占 9% 以上）已经灭绝，至少还有 1 000 种受到威胁（IPBES，2019）。从物种多样性层面，目前全球 42% 的陆地无脊椎动物、34% 的淡水无脊椎动物和 25% 的海洋无脊椎动物被认为濒临灭绝。1970—2014 年，全球脊椎动物物种丰度平均下降了 60%（UNEP，2019）。从生态系统多样性层面，自然生态系统范围和健康状况的全球指标与基线相比平均下降了 47%（IPBES，2019）。2010 年以来全球森林面积每年减少 470 万 hm^2（FAO，2020）。1970—2015 年，全球湿地范围趋势指数平均下降 35%（CBD 秘书处，2020）。

生物多样性危机是一场发展危机，将直接削弱人类的生存基础。生物多样性的丧失可能会破坏来之不易的发展成果，包括健康、韧性、食品安全和国内生产总值。《生物多样性和生态系统服务全球评估报告》对全球 18 类自然对人类的贡献进行的评估发现，过去 50 年，有 14 类呈下降趋势，涵盖了大部分生态环境方面的贡献。目前，土地退化造成全球 23% 的陆地面积生产力下降，传粉者丧失使全球每年价值 2 350 亿 ~ 5 770 亿美元的作物产出面临风险。此外，沿海生境和珊瑚礁的丧失导致生活在低于百年一遇洪水水位的沿海地区的 1 亿 ~ 3 亿人及其生命、财产面临的洪水和飓风风险增加（IPBES，2019）。

　　对土地和海洋的利用方式改变、直接利用生物体、气候变化、污染以及外来入侵物种被认为是全球影响自然变化最大的直接驱动因素（按影响程度排列，图 3-1）。对陆地和淡水生态系统而言，20 世纪 70 年代以来土地用途改变是对自然的相对负面影响最大的直接驱动因素。农业扩张、不断加速的城镇化进程以及基础设施扩建，在大多数情况下都以牺牲森林、湿地和草原为代价。而气候变化正日益加剧其他驱动因素对自然和人类福祉的影响（IPBES，2019）。

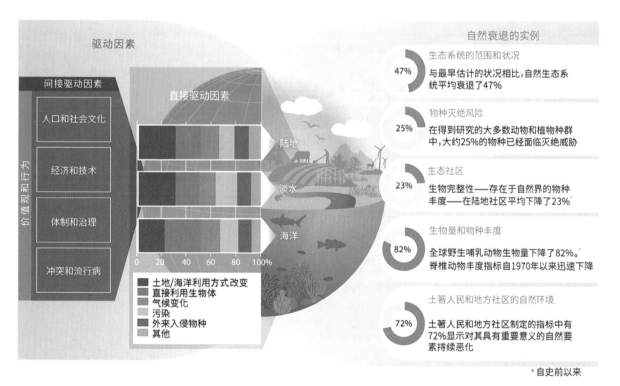

图 3-1　导致生物多样性下降的直接和间接驱动因素

资料来源：IPBES（2019）。

　　生物多样性、生态系统功能以及自然对人类的许多贡献持续下降，按照目前的轨迹，大多数国际社会和环境目标将无法实现，例如爱知生物多样性目标和《变革我们的世界：2030 年可持续发展议程》的目标。爱知生物多样性目标是在

UNCBD 第十次缔约方大会上，由成员国共同通过的联合国生物多样性 2020 年目标，包括了 20 个具体目标和 60 项具体要素，这些目标全面而有针对性，会后在许多联合国可持续发展目标中也有体现。2020 年，联合国发布了第五版《全球生物多样性展望》报告，基于各缔约方提交的第六次国家报告以及最新的科学成果，系统评估了爱知生物多样性目标所取得的进展，发现在全球层面，20 个目标没有一个完全实现，只有 6 个部分实现（图 3-2）。报告指出，2010—2020 年全球试图落实爱知 2020 年生物多样性保护目标的努力或已全面失败。同时，生物多样性的丧失和生态系统的持续恶化，将有损 80%（44 项中的 35 项）可持续发展目标的实现，这些目标与贫穷、饥饿、健康、水、城市、气候、海洋和土地等有关（CBD 秘书处，2020）。

战略目标A：生物多样性主流化，解决导致生物多样性丧失的根本原因

提高生物多样性意识   纳入生物多样性的价值   改革奖励措施   可持续生产和消费

战略目标B：减少生物多样性的直接压力和促进可持续利用

使自然生境丧失减半   可持续管理水生生物资源   可持续的农业、水产养殖和林业   控制污染   防止和控制外来入侵物种   减少对珊瑚礁和其他脆弱生态系统的人为压力

战略目标C：通过保护生态系统、物种和遗传多样性，改善生物多样性现状

建立与管理保护地体系   降低濒危物种灭绝风险   保持遗传多样性

战略目标D：增进生物多样性和生态系统给所有人带来的惠益

恢复和保障生态系统服务   恢复生态系统和复原力   获取遗传资源及其惠益共享

战略目标E：通过参与式的规划、知识管理和能力建设，加强执行工作

制定和执行国家生物多样性战略与行动计划   尊重和利用土著和地方社区传统知识   提高和分享相关信息、知识和技术   从所有来源动员和增加财务资源

注：半圆图标表示目标下各个要素的进展。每个图段代表一个要素，蓝色表示超过要素，绿色表示到2020年已经实现或可能实现的要素，黄色表示取得了进展但尚未实现的要素，红色表示没有显著变化的要素，紫色表示偏离要素，灰色表示要素无法评估的要素。一项目标如至少有一个要素实现，评为部分实现。如一个要素都未实现，评为没有实现。

图 3-2　爱知生物多样性目标及其所含要素的进展情况

资料来源：CBD 秘书处（2020）。

3.2 中国的生物多样性保护现状

我国地域辽阔，自然资源丰富，错综复杂的地理条件和气候因素，形成了多种多样的自然生态系统类型，是世界上生物多样性最为丰富的国家之一（薛达元等，2019）。我国拥有全球高等植物总数的10%，居世界第三位，是北半球植物种类最丰富的国家（高吉喜等，2018）。2015年我国发布的《中国生物多样性红色名录》共记录有陆生脊椎动物2 914种，哺乳动物种数为世界第一，也是鸟类最为丰富的国家之一。从遗传多样性角度，我国生物遗传资源丰富，是水稻、大豆等重要农作物的起源地，也是野生和栽培果树的主要起源中心（银森录等，2019）。

中国高度重视生物多样性保护，是最早加入CBD的缔约方之一。1993年年初，在国务院的领导和协调下，中国成立了由国家环保局牵头、多个部门参与的"国家履约协调组"。履约协调组每年都召开会议，制订年度履约工作计划，开展了一系列形式多样的活动，初步形成了生物多样性保护和履约的国家工作机制。2010年，为响应"联合国生物多样性年"活动，中国发布并实施了《中国生物多样性保护战略与行动计划》（2011—2030年），划定了全国32个陆地生物多样性保护优先区和3个海岸与海洋生物多样性保护优先区，提出了8项战略任务、10个领域的30项优先行动和39项优先项目，由此启动了生物多样性保护重大工程（薛达元等，2012）。我国成立了由时任国务院副总理的李克强同志为主席的"2010国际生物多样性年中国国家委员会"，该委员会于2011年6月更名为"中国生物多样性保护国家委员会"，由26个部门组成，统筹协调全国生物多样性保护工作，2012年审议通过了《联合国生物多样性十年中国行动方案》。党的十八大以来，党中央、国务院更是把生态文明建设摆在更加重要的战略位置，将其纳入"五位一体"总体布局。生物多样性作为生态文明建设的标志性内容之一，已成为国家经济和社会发展规划的重要内容，并逐步纳入国家各类规划和计划，以主体功能区战略和制度、"三区三线"国土空间管控体系、生态保护红线制度、生物多样性保护与扶贫协同发展模式、中国特色生态补偿机制为主要内容的生物多样性保护政策[1]与法律法规体系日臻完善（银森录等，2019）。

中国已经建立了以自然保护区为主体，风景名胜区、森林公园、湿地公园、

1　https://www.mee.gov.cn/ywgz/zrstbh/swdyxbh/202010/t20201019_803776.shtml.

水产种质资源保护区、海洋特别保护区等组成的自然保护地体系，正在积极推进以国家公园为主体的自然保护地体系改革，同时实施了包括"天然林保护""退耕还林还草""野生动植物保护及自然保护区建设"等一系列重大生态工程。截至 2019 年年底，全国共建立各级、各类保护地逾 1.18 万个，保护面积占全国陆域国土面积的 18.0%、占管辖海域面积的 4.1%（生态环境部，2020），提前实现"爱知目标"提出的到 2020 年达到 17% 的目标。就地保护体系有效地保护了中国 90% 的陆地生态系统类型、85% 的野生动物种群类型和 65% 的高等植物群落类型以及全国 20% 的天然林、50.3% 的天然湿地和 30% 的典型荒漠区（薛达元等，2019）。部分濒危珍稀物种也得到了保护和修复。以大熊猫为例，全国野生大熊猫种群数量已达 1 864 只，受威胁等级由濒危降为易危（Swaisgood et al.，2018）。

然而，中国生物多样性退化的总体趋势尚未得到根本遏制。《2019 中国生态环境状况公报》显示，在我国 34 450 种已知高等植物中，需要重点关注和保护的高等植物有 10 102 种，占评估物种总数的 29.3%，其中近危等级有 2 723 种。4 357 种已知脊椎动物（除海洋鱼类）、9 302 种已知大型真菌中，需要重点关注和保护的脊椎动物有 2 471 种、大型真菌有 6 538 种，分别占评估物种总数的 56.7%、70.3%（生态环境部，2020）。与此同时，动植物栖息地丧失和碎片化、外来物种入侵危害、资源过度利用与干扰等问题仍然存在。

3.3　NbS 推动生物多样性保护主流化

"爱知目标"几近失败的一个重要原因在于，生物多样性保护过去通常被决策者们看作是国家发展和国际议程的边缘议题，被认为是阻碍经济发展的举措，难以被纳入社会经济发展各个领域的决策过程中，这导致了粗放的发展模式，不仅加剧了生物多样性的丧失，由此也产生了人类健康、粮食安全等一系列社会挑战（IUCN，2016）。

随着学术界对于生态系统服务的认识不断深入，尤其是 2005 年发布的《千年生态系统评估报告》，确认了绝大多数生态系统能够广泛提供多种生态效益，同时也是自然资源和人类社会存续的基础（MEA，2005）。人们开始逐渐形成共识："自然对人类的生产和良好的生活质量至关重要"。人们不再仅仅是自然的被动受益者，而是应该为应对全球重大社会挑战做出贡献，主动保护、修复和管理自然生态系统（Cohen-Shacham et al., 2019）。

目前，即便是生物多样性保护和生态修复的范围和规模都在大幅增加，但自然资源的持续退化仍然给生物多样性和人类福祉带来负面影响。NbS 可以通过在生物多样性保护目标与可持续发展目标之间搭建桥梁有效扭转这一趋势。NbS 将生物多样性的价值带入到那些更关注经济发展、基础设施建设、人类健康与福祉以及气候变化等问题的政策制定者的视野当中，使他们认识到生物多样性能够为实现这些目标做出的贡献，从而使生物多样性保护在政府的各个层级和各个领域中的主流化成为可能，并带来额外的资源与资金，为推动生物多样性的保护、修复和可持续利用提供一个变革性的、可以动员全社会力量的手段。

3.4 保护生物多样性是 NbS 的前提

尽管 NbS 的出发点是应对人类社会挑战，但其本质仍然是通过保护、修复和可持续的管理生物多样性和生态系统，持续地为人类社会提供各种生态系统服务和价值。能够同时为人类福祉和生物多样性提供效益的方法才能被称为 NbS，保护生物多样性是 NbS 的前提基础。目前国际上不同机构对于 NbS 的定义，都把生物多样性保护作为其基本内容和目标（详见第 1 章）。

IUCN 在 2016 年发布的《基于自然的解决方案应对全球挑战》报告中系统地阐述了 NbS 的概念和内涵，认为一项措施能够被定义为 NbS 需要满足 8 项基本准则。其中第 1 条就是 NbS 必须遵循自然保护的准则，而不是自然保护的替代品。在准则 5 中也阐明 NbS 需要充分考虑生态系统的时空动态和复杂性，以支持生物和文化的多样性及生态系统随着时间进化的能力，这样才能确保生态系统服务是可持续的，并能够适应未来的环境变化（IUCN，2016）。

IUCN 于 2020 年正式发布了《IUCN 基于自然的解决方案全球标准》，旨在将 NbS 的设计和执行过程标准化，帮助改善项目设计和实施，促进 NbS 在更广泛的层面和地区得到应用。该标准共 8 项准则，每项准则下设 3 ~ 4 项指标，共 28 项指标。其中准则三明确指出 NbS 与生物多样性的关系：NbS 要确保对生物多样性的保护和提升，应为生物多样性和生态系统完整性带来净收益；生物多样性保护是解决方案的关键内容（IUCN，2020；罗明等，2020a）。

对应于这一准则，IUCN 也发布了相应的使用指南。NbS 的核心是利用生态系统的产品和服务，其实施效果高度依赖于生态系统的健康程度。生物多样性下降和生态系统变化会极大影响生态系统的功能和完整性，因此 NbS 的设计和实施需要避免对生态系统完整性的损害，还应主动提升生态系统的功能和连通性，才能确保措施的长效性和韧性。从操作层面，在设计阶段，需要充分了解基于科学证据和传统知识的生态系统现状、退化驱动因素和能使生物多样性正向改善的备选方案（指标 3.1）；在开展措施前，需要识别并确定可衡量的生物多样性保护目标和关键里程碑（指标 3.2）；在实施过程中，需要开展定期监测和评估以防止 NbS 措施对生物多样性产生负面影响（指标 3.3）；在可能情况下，寻求能够提升生态系统完整性和连通性的任何机会并将其纳入 NbS 措施（指标 3.4）（IUCN，2020；罗明等，2020b）。明确生物多样性保护的原则对于 NbS 的意义和准则非常重要。如果不能满足这一前提，在扩大 NbS 规模化实践中，NbS 将存在被泛化、滥用和误用的风险，还有可能会造成生态破坏等难以预料的后果。

大量研究表明，较高的生物多样性能丰富群落组成、生态过程和功能以及遗传与谱系结构，对提升生态系统的稳定性和修复能力具有重要作用。例如，生物多样性更丰富的森林有助于提供更广泛的生态系统服务（Gamfeldt et al., 2013）。中国的研究人员构建了从纯林到多物种混交林的 6 种生物多样性梯度的森林样地，通过连续多年的观测发现，单位面积纯林的碳储量仅为混交林的一半（Huang et al., 2018）。生物多样性高的健康生态系统是产生重要生态系统服务和提升气候适应能力的前提基础，也是使 NbS 能够成功应对社会、经济和环境挑战的关键。要想确保生态系统能够最大化地提供服务和惠益，在设计和实施 NbS 措施时就必须将生物多样性纳入考量，不能因为其他优先目标而牺牲生物多样性要素（Naumann et al., 2020）。

不同类型的 NbS 对于支持生物多样性保护的程度也各不相同，这也会反过来影响 NbS 措施本身的韧性，即它们抵抗外界扰动以及受到干扰后恢复常态以持续供给生态系统服务的能力。那些利用多样化本土物种保护和修复自然生态系统的 NbS 措施在提供气候变化减缓和适应服务中扮演着重要的角色，同时也能够为人类社会提供其他的生态和文化服务。与之相比，那些不够遵从生态原则和支持生物多样性的 NbS 措施，例如大规模种植外来单一树种，从长时间尺度看此类措施对于外界环境变化的适应力较差，并且可能需要在不同的生态系统服务之间进行权衡，甚至在规划不当时还会取代天然林和农田，对生物多样性产生不利影响（IPBES，2019）。当前在气候政策中过于集中地强调以造林为主的 NbS 措施，对于长期的碳汇、人类适应以及生物多样性保护都可能有一定的风险。与种植外来树种的速生林相比，重视多样性和完整性高的自然生态系统才更能够帮助各国实现《巴黎协定》的目标和其他可持续发展目标（Seddone et al., 2020）。

3.5　不同类型 NbS 提升生物多样性

根据已有的研究成果，从目标生态系统特征、对生态系统的干预程度、干预目标三个维度将 NbS 划分为保护、修复 / 构建、管理三种类型，不同类型的 NbS 措施对于生物多样性的保护和提升程度也不尽相同（详见表 1-1）。

3.5.1　保护自然生态系统完整性

对现有健康完整的自然生态系统进行保护使其不受损害，进而充分利用其提供的各种生态系统服务来解决社会挑战是 NbS 最核心、投入产出比最高的措施。自然生态系统，尤其是原始生态系统，对生物多样性保护和碳储存均发挥着不可替代的作用。对于实现生物多样性保护目标最为关键的地区，通常也是实现气候变化减缓和适应最为重要的地区。De Lamo 等人通过全球尺度的空间分析，揭示了陆域生物多样性保护与减缓气候变化之间的高度协同潜力。在设定保护 30% 全球陆地面积的目标前提下，同时考虑生物多样性价值和碳储存的筛选标准，识别出的优先区域可以使 88% 的物种降低灭绝风险，同时将 5 000 亿 t 碳储存在生态系统中，代表了 80% 的最大碳汇收益（只考虑碳储存）和 95% 的最大生物多样性收益（只考虑生物多样性价值）。

二十国基金会联盟（F20）、北京市企业家环保基金会（SEE Foundation）和 Wyss Campaign for Nature 三家机构于 2020 年联合发布的《关联报告：以 "基于自然的解决方案" 应对生物多样性和气候危机》也强调了保护碳密度最高、生物多样性最丰富的自然生态系统的重要性和紧迫性，尤其是原始森林和海岸带生态系统，并提议为这些生态系统设定 "零损失" 目标应当作为《联合国气候变化框架公约》和《生物多样性公约》决议中共同申明的原则（Barber et al., 2020）。

　　中国的生态保护红线制度被认为是将维护生物多样性、减缓气候变化以及实现其他可持续的土地利用在空间规划中深度协同、有效保护自然生态系统完整性与连通性的 NbS 创新，能够为世界各国尤其是"一带一路"国家提供经验借鉴（Schmidt-Traub，2020）。2011 年，中国首次提出生态保护红线的概念，2014 年将其写入新修订的《中华人民共和国环境保护法》，2015 年发布《生态保护红线划定技术指南》，同时考虑生态服务供给、灾害减缓控制、生物多样性保护三个维度，基于严谨的科学方法将全国生态功能最重要、生态环境最敏感的区域划入红线范围，并覆盖以国家公园为主体的各类自然保护地，计划到 2020 年年底初步划定的生态保护红线面积约占陆域国土面积的 25%[1]。2017 年，中共中央办公厅、国务院办公厅印发了《关于划定并严守生态保护红线的若干意见》，随后制定发布了系列指导办法和技术指南，明确在红线范围内，禁止一切会产生重大影响的开发和建设活动，仅允许非常有限的低强度人类活动。生态保护红线划定的不到 30% 的国土面积，可以保护 98% 以上的国家重点保护物种、90% 以上的优良生态系统和自然景观、三级以上河流源头区以及各类重要生态敏感区和脆弱区（高吉喜等，2019）。2019 年，中国提出的"划定生态保护红线，减缓和适应气候变化"成功入选联合国气候行动峰会"基于自然的解决方案"全球 15 个精品案例。中国环境与发展国际合作委员会（CCICED）"2020 后全球生物多样性保护"专题政策研究报告建议，在即将到来的"十四五"规划期间，应当将生态保护红线与 NbS 相结合，将碳汇作为划定生态保护红线的一项生态功能，推动形成生态系统保护修复与应对气候变化之间的协同增效，高水平地促进人与自然和谐共生[2]。

3.5.2　修复退化生态系统

　　IPBES 土地退化和恢复专题评估报告指出，人类活动造成的土地退化影响到 32 亿人的福祉，每年因土地退化造成的生态系统服务损失超过全球总产值的 10%（IPBES，2018）。当前全球多达 15 亿人居住并依赖于退化的土地（UNCCD，2015），全球 80% 的农业用地、10% ~ 20% 的牧场、87% 的湿地正严重退化（Davidson，2014；Gibbs，2015）。据统计，2010 年土地退化已造成全球 34%

1　《共建地球生命共同体：中国在行动——联合国生物多样性峰会中方立场文件》，http://newyork.fmprc.gov.cn/web/zyxw/t1816582.shtml.
2　2020 后全球生物多样性保护专题研究，http://www.cciced.net/zcyj/yjkt/bndkt/qqzlystwm/swdyxyj/.

的生物多样性丧失，预计到 2050 年这一比例将高达 38% ～ 46%（Van der Esch，2017）。

遏制土地退化和修复已退化土地对保护生物多样性、保障生态系统服务及人类福祉至关重要。2015 年，《变革我们的世界：2030 年可持续发展议程》将"到2030 年，防治荒漠化，恢复退化的土地和土壤，包括受荒漠化、干旱和洪涝影响的土地，努力建立一个不再出现土地退化的世界"列为重要的可持续发展目标（SDGs）之一。2019 年，联合国宣布"联合国生态系统恢复十年"（2021—2030年）的倡议，将修复生态系统定义为重要的 NbS，旨在扩大对退化和被破坏生态系统的修复，以此作为应对气候危机、保障粮食安全、保护水资源和生物多样性的有效措施 [1]。该倡议有利于推进现有的全球生态修复工作，例如由德国和 IUCN于 2011 年发起的世界上最大的景观修复倡议——"波恩挑战"，旨在到 2030 年修复 3.5 亿 hm^2 退化和被采伐的土地。如果这一目标得以达成，就能够实现价值高达 9 万亿美元的生态系统服务，还可从大气中再吸收 130 亿～ 260 亿 t 温室气体，并且帮助周边农村社区脱贫 [2]。

中国是世界上生态系统退化最为严重的国家之一，土地退化类型多样，其中分布最广、影响最大的是土地沙漠化和土壤侵蚀（刘国华等，2000）。同时中国也是较早开展生态修复研究和实践的国家之一，我国政府高度重视退化土地的修复和生态重建，过去几十年来规划并实施了一系列生态修复项目，如退耕还林工程、天然林保护工程等，取得了积极成效，在保障区域生态安全和可持续发展方面发挥了重要作用。但过去的生态修复项目往往以局部的特定生态问题为导向，对于山水林田湖草作为生命共同体的内在机理和规律认识不够，系统性、整体性不足，导致对生态系统整体的优化与改善不足。以退耕还林工程为例，这是世界上规模最大的生态修复工程，其防洪以及防止水土流失的生态服务功能也得到了科学论证。但由于造林工程以种植单一树种的纯林为主，其生物多样性甚至低于农田（Hua et al.，2016）。

2016 年中国启动了山水林田湖草生态保护修复工程试点，并于 2020 年印发了《全国重要生态系统保护和修复重大工程总体规划（2021—2035 年）》，以统

1　"联合国生态系统恢复十年"行动计划将"生态系统修复"的范围定义为"包括有助于保护和修复受损生态系统的一系列广泛做法和目标生态系统条件"。详见 https://www.decadeonrestoration.org/resources.
2　http://www.fao.org/news/story/pt/item/1183501/icode/.

筹山水林田湖草一体化保护和修复为主线，进行整体保护、系统修复、综合治理。2020 年 8 月由自然资源部牵头，联合财政部和生态环境部共同发布的《山水林田湖草生态保护修复工程指南（试行）》（以下简称《指南》），充分参考了 NbS 的新理念和新方法，体现了 NbS 的全球标准，引领生态保护修复工程回归初心，依靠自然寻找方案（罗明等，2020c）。《指南》还特别提出"以生物多样性保护为重要目标"，尤其强调针对本地关键物种、指示物种、旗舰物种、先锋物种以及入侵物种的调查评估，同时在目标设定和工程措施中着重考虑对生物多样性的修复（罗明等，2020d）。《指南》的发布将为中国生态保护修复工程实践提供指引，也可为实现"联合国生态系统恢复十年"（2021—2030 年）计划提供中国智慧与经验。

案例

4

美国切萨皮克湾哈里斯溪牡蛎礁修复

人们所熟知的牡蛎是一种口感鲜美的食物，牡蛎作为"生态系统工程师"在维护沿海生态健康方面发挥着重要的作用。这是因为，牡蛎层层叠叠固着生长所形成的牡蛎礁，与红树林、珊瑚礁和海草床一样，也是一种典型的海岸带栖息地。牡蛎礁广泛分布在全球温带和亚热带海区的河口和海湾的潮间带和潮下带，发挥着保护生物多样性、过滤水体和防护海岸带等生态系统服务功能，因此被誉为"温带的珊瑚礁"。

牡蛎礁对维护水生生物多样性至关重要，它的三维结构能够为多种水生物种提供繁殖、庇护和觅食的场所。研究显示，牡蛎礁上栖息的物种数量和丰度通常远超周围的软质沉积物环境，因此促进了其所在海区的渔业资源的增长。以美国墨西哥湾地区为例，与没有礁体的滩涂相比，每平方米的牡蛎礁每年能促进鱼类、甲壳类动物产量增加约397g（Ermgassen et al., 2015）。此外，牡蛎作为滤食性贝类，通过摄取水体中的浮游植物，可以有效减少水体中的微藻和悬浮颗粒物，提高水体清澈度。据测算，一只健康的成年美洲牡蛎（*Crassostrea virginica*）每天可以过滤多达50加仑[1]的水[2]。水体清澈度的提升还能增加水体中的光照，促进周围海草床的生长（Wall et al., 2008）。

尽管牡蛎礁有诸多生态效益，然而它却是全球退化最严重的海岸带栖息地之一。据估算，受过度捕捞、病害、水体污染以及海岸带开发等因素的影响，全球85%的牡蛎礁已经退化或消失。中国已知的现存天然牡蛎礁的生长状况也不容乐观（全为民等，2016，2012；孙万胜等，2014；范昌福等，2010；张忍顺等，

1　1加仑（美制）等于3.785 4L。
2　https://blog.nature.org/science/2016/02/11/love-oysters-seafood-water-oceans/.

2004）。为了逆转这一趋势，全球多个地区（如北美洲、欧洲、亚太地区）的海岸带都在开展牡蛎礁修复行动，并且基于多年的研究和实践，这一行动已被总结成具有广泛适用性的，以牡蛎礁修复为主的《贝类礁体修复指南》（Fitzsimons et al., 2019）。

由《贝类礁体修复指南》可知，美国切萨皮克湾哈里斯溪开展了目前为止全球规模最大的牡蛎礁修复行动。切萨皮克湾是美国最大的河口，位于靠近马里兰州和弗吉尼亚州的大西洋海岸。美洲牡蛎是这里的标志性物种，它们既是重要的商业性渔业资源，也在维护湾内生态健康中扮演着关键角色。历史上，湾内有着数量庞大的牡蛎种群，每 3 ~ 6 天即可完成一次整个海湾的水体过滤。然而，过度捕捞、病害等原因导致湾内牡蛎礁的大面积消失。据评估，目前湾内的牡蛎种群数量仅为历史水平的 1%，已无法充分发挥其维护生态系统的功能。

切萨皮克湾的牡蛎礁修复工作开始于 20 世纪 90 年代，已有数十年之久。该项工作早期以小规模试验性修复研究为主，直到在 13508 号美国总统行政令（2009年）和《切萨皮克湾流域协议》（2014 年）的推动下，才开始了大规模、多方协作的牡蛎礁修复工作模式。其中，《切萨皮克湾流域协议》要求，在 2025 年之前，修复切萨皮克湾 10 条支流中的牡蛎礁栖息地。马里兰州的哈里斯溪因其水体环境适宜牡蛎生长、出台相关保护法律（如禁止采挖牡蛎）等良好条件，被选为开展大规模牡蛎礁修复行动的第一条支流。

2011 年，哈里斯溪开始开展大规模牡蛎礁修复工作。在实施修复前，由美国联邦政府、马里兰州政府以及包括 TNC 在内的非政府组织建立的"切萨皮克湾修复合作伙伴关系"，首先收集了该地的地理空间信息（如水质数据、声呐调查底栖生境特征、水深调查、牡蛎种群调查），并结合适宜美洲牡蛎生长的"适宜水质（盐度、溶解氧）、硬质底、水深 1.2 ~ 6 m、远离码头和航道"的标准，依据哈里斯溪历史牡蛎礁面积（约 1 408 hm²）和"切萨皮克湾牡蛎指标"[1]，制订了哈里斯溪牡蛎礁修复计划，明确了修复位置和面积、修复方法及所需的修复材料用量、预算和监测框架。针对哈里斯溪内牡蛎补充量和礁体结构受限的双重问题，

1　在 13508 号美国总统行政令支持下，由科学家、联邦政府和州政府的资源管理者组成的共同团队制定了切萨皮克湾牡蛎指标，为切萨皮克湾 10 条支流的牡蛎礁修复制定了礁体尺度和支流尺度等修复目标，明确了"什么才是被成功修复的牡蛎礁"以及"需要成功修复多少礁体，才算成功修复了一条支流内的牡蛎资源"等问题。

该修复计划设计了只投放牡蛎幼苗以及同时投放底质物和牡蛎幼苗两种修复方法。2011—2015 年，在以联邦政府和州政府为主要资金提供方提供的 5 300 万美元资金支持下，哈里斯溪共建造了 142 hm^2 牡蛎礁，投放了超过 20 万 m^3 的底质物，构建了高度为 0.15 ~ 0.3 m 的礁体，并投放了超过 20 亿个附壳幼体（幼苗移植密度通常为 1 250 万个 $/hm^2$）。

哈里斯溪的长年持续监测结果显示，截至 2017 年年底，溪内 98% 的礁体都达到了"切萨皮克湾牡蛎指标"中牡蛎生物量和密度的最低值要求（牡蛎密度达到 15 个 $/m^2$，牡蛎干重达 15 g/m^2），75% 的礁体都达到了理想值（牡蛎密度达到 50 个 $/m^2$，牡蛎干重达 50 g/m^2）。同时，通过模型估算可知，哈里斯溪修复的牡蛎礁每年可移除 46 650 kg 氮和 2 140 kg 磷，相当于创造了至少 300 万美元的价值。待哈里斯溪以及附近特雷德埃文河和小查普坦河中投放的动物幼体成熟后，预计当地的蓝蟹捕获量将增长超过 150%，白鲈鱼的捕获量将增加 650%，该区域内直接、间接及连带效应的渔业总产出每年可增长约 2 300 万美元。

哈里斯溪的牡蛎礁修复行动从前期设定修复目标、规划修复方案，到实施后的长年监测与评估，展示了一套完整的、科学的、系统的、大规模的牡蛎礁修复方法，并取得了良好的修复成效。这套方法也被推广到切萨皮克湾其余 9 条支流的牡蛎礁修复工作中。

3.5.3　可持续管理生产性土地

近期的研究指出，"爱知目标"中保护全球"17% 的陆地和内陆水域以及 10% 的海岸带和海洋地区"已不足以减缓当前物种数量急剧减少的趋势。为使生物多样性得到有效保护，2020 年后保护生物多样性目标必须更加"具有雄心"。例如，到 2030 年，保护 30% 的陆地和海洋的生物多样性，到 2050 年保护"半个地球"的生物多样性（Dinerstein，2017；Wilson，2016）。要想实现这一目标，仅靠当前建立和管理自然保护区等基于区域的保护模式（Area-based Conservation）是不够的，构建"2020 年后全球生物多样性保护框架"必须要突破传统保护地的边界，将生物多样性目标纳入林地、草地和农田等生产性土地类型范围内，通过多样化的保护形式来扩大生物多样性保护的范围和面积（UNDP，2016）。

研究证实，在生产性土地上开展生物多样性友好型的管理，例如混农林业、混牧林业、多样化种植、可持续森林管理等，可以在保护生物多样性的同时提升栖息地连通性，使这些土地成为保护地体系的有益补充，并增强其气候适应能力，同时可以使经济生产更可持续（Kremen et al.，2018）。2019 年发布的《世界粮食和农业生物多样性状况》报告强调，各国对采取生物多样性友好型实践和方法的兴趣在增加，在该报告调研的 91 个国家和地区中，有 80% 的国家和地区表示，已经采取了一种或多种生物多样性友好型实践和方法（FAO，2019）。例如，欧盟自 2000 年起就在其农业政策中充分考虑了农业的多功能性，2013 年起将农业提供的生物多样性等生态服务作为农业的"外部性"功能，并对农户进行生态补偿；将 5% 的农业用地转变为生态重点区，要求在生态重点区直接采取包括种植固氮作物、打造景观带等保护措施，同时对欧盟地区生物多样性最丰富的永久性草场设定了"2020 年前面积丧失率不高于 5%"的保护目标（李黎等，2019）。

中国是世界农业用地面积最大的国家，同时也是全球生物多样性最丰富的国家之一。尽管已经建立了覆盖国土面积 18% 的自然保护地，但对分布在东部和南部经济发达、人口稠密地区的大多数生物多样性保护程度不足，而这些区域与生物多样性重叠度高的栖息地主要是农田。有研究（Li et al.，2020）对我国 1 111 种鸟类的分布情况进行了模拟后发现，其中有 220 种鸟类的适宜栖息地是农田，包括 39 种国家重点保护野生鸟类以及 14 种 IUCN 发布的《濒危物种红色名录》中的鸟类。同时该研究的模型模拟显示，以联合国《生物多样性公约》2020 年目标（即到 2020 年至少保护全球 17% 的陆地面积）和"半个地球"倡议（即维持健康生态系统需要至少保护地球陆地面积的 50%）为衡量标准，在国家重点保护鸟类和国际受威胁鸟类物种多样性最丰富的需保护地域中，农田所占的面积比例均超过三成。

由此可见，农田等生产性土地对于在"2020 后全球生物多样性保护"框架下设定并达成更积极的生物多样性保护目标具有重大意义，保护农田生物多样性在很大程度上可以弥补自然保护区在保护面积上的不足。

案例

5

"候鸟归家"——美国加州水鸟共享稻田

美国的加利福尼亚州（以下简称"加州"）地处"太平洋候鸟迁徙路线"（Pacific Flyway）的关键节点，每年有数以百万计的迁徙水鸟，如鹬和鸻，在由阿拉斯加和加拿大的夏季繁殖地迁飞到中南美洲冬栖地的途中，会在加州中央山谷（Central Valley）的湿地和森林中停歇，并为接下来的长途飞行补充所需能量。候鸟的停驻为这里的土壤（包括农田）带来了丰富的营养物质，并通过成为食物链中的一环在当地的生态系统中发挥着重要功能。同时，当地通过组织观鸟等活动获得了数十亿美元的经济收入。

加州的湿地在冬季每年最多可以容纳 4 000 万 ~ 8 000 万只水鸟。但随着 20 世纪人类活动的展开，如修建农田、水坝、房屋和道路等设施，使超过 95% 的天然湿地消失，严重威胁了野生生物的生存。尽管如此，加州目前仍然保有世界上最大规模的冬季迁徙水鸟群落，为 60% 的雁鸭类水鸟和 30% 的迁飞候鸟提供了栖息地。但随着城市、农田和道路的进一步扩张，水鸟们仅存的家园危在旦夕。

在过去数十年中，TNC 与合作伙伴一起，在美国农业部"农业法案"（Farm Bill）资助的农田上开展了水鸟栖息地提升项目，帮助农民建设"候鸟友好"的稻田提供管理实践的经验咨询。为了加速这一进程并扩大规模，2014 年 TNC 启动了"候鸟归家"项目（Bird Returns），与加州中部的萨克拉门托山谷的农民合作，首次采用利用私营资金激励农民采取环境友好的耕作措施。该项目通过对冬季稻田进行水位管理，帮助了从阿拉斯加迁徙至南美巴塔哥尼亚的候鸟们，设置鸟类与农民的共享稻田作为候鸟的临时湿地栖息地，从而使它们顺利完成一年一度的迁徙。

萨克拉门托山谷拥有一片完美平整的稻田，这里的稻米产量相当高，仅次于产量第一的密西西比河三角洲。农民通常要从每年的 4 月一直耕作到 8 月或 10 月。

在此期间，乃至在稻子收割后，农民都会往田里灌水，使得稻田变成了临时的"湿地"。如果按照传统保护方式购买下这块土地并将其修复为湿地，需要花费高达约 1.5 亿美元的购买费用、大概 2 500 万美元的修复费用以及每年至少 10 万美元的维护费用。而实际上，鸟类只在特定的时间段需要将其作为栖息地以满足它们迁徙的需要，并不需要购买全年的土地使用时间。在这种情况下，TNC 创造性地提出了鸟类与农民共享稻田的做法。

TNC 首先与康奈尔鸟类实验室和 Point Blue 环境保护科学组织合作，应用康奈尔鸟类实验室的 eBird 项目采集的来自全美观鸟人士的鸟类实地观测数据，并将其和卫星遥感影像相结合的方法，通过计算机模型来进行分析。依靠这些模型，能够了解鸟类在春秋两季迁徙途中经过中央山谷时的聚集区域，同时估算出迁徙的候鸟数量，识别可供候鸟觅食的关键地点。

在确定关键栖息地后，TNC 便与加州水稻委员会一起，邀请当地农民提交租借稻田的出价标书，时间可以为 4 周、6 周或 8 周。加州中央山谷的稻农会在收割后灌溉稻田软化残株，以便来年清除残株，继续耕种。农民通过反向拍卖，向 TNC 出价，给出每英亩稻田的浅浸价格。项目团队进行比价时，可与模型得到的栖息地优先程度进行比对后作出选择，向农民支付浅浸农地的费用。

自 2014 年以来，TNC 已从当地农民手中收到了超过 450 份投标书，并为鸟类创造了 4 万多英亩的短期栖息地。通过增加稻田中的水量，或是放慢排水的速度的方法，可以使萨克拉门托山谷成为一个"棋盘式"的人工湿地，从而为候鸟们创造更多不同类型的栖息地。2014 年春天，"候鸟归家"项目团队对参与项目的农地以及无水的管控农地进行了调查。他们发现，超过 50 种不同种类的共计 18 多万只候鸟使用了约 10 000 英亩的临时湿地——这是旱田上鸟类数量的 30 倍。

通过这种做法，TNC 成功为迁徙候鸟提供了临时栖息地，而且为此支付的费用也不高。研究显示，按照平均出价来算，该项目每年最高花费在 140 万美元左右，而实际支出却远远低于这一数字。这种做法得到了当地农民的高度认可。一方面，在不对农耕带来负面影响的前提下，使农民获得了一些额外收入；另一方面，该项目也赋予了农民成就感，使他们通过自身的参与切身感到了改善环境的好处，并使当地的稻业得到了长足的发展。

3.6 结语与展望

在"爱知目标"确立十年之后，各国政府代表将在中国昆明齐聚一堂，商定2020年后全球在减少生物多样性丧失方面的新目标。"2020后全球生物多样性"框架的设立对于UNCBD 2050年"与自然和谐相处"愿景（以下简称"2050年愿景"）的实现至关重要，因此受到了全球范围内的广泛关注。

2050年愿景的实现，要求人类在众多活动中大幅改变"一切照旧"的做法，在关键领域进行一系列转型，推动社会进入人与自然更可持续的相处模式；在每一个转型领域都需要确认生物多样性的价值，加强或修复人类活动所需的生态系统的功能，同时致力于减少人类活动对生物多样性的负面影响，并由此开启一个良性循环——减少生物多样性的丧失和退化，增进人类福祉（UNCBD Secretariat，2020）。

NbS为2020年后全球生物多样性框架提供了一个新思路和方法，将生物多样性保护目标与2030年可持续发展目标、《巴黎协定》气候目标、土地退化零增长目标等全球重大议题协同起来，使生物多样性可以被更广泛的群体认识，并纳入社会经济发展的不同领域、不同部门的决策过程中，以此动员更多的金融、商业以及社会力量投入保护生物多样性、应对气候变化与实现可持续发展目标深度协同的大规模NbS行动中。

2020年后全球生物多样性框架的设定和实施为应用NbS创造一个更加可持续的未来提供了绝佳的机会，在全球减少生物多样性丧失的目标和行动中应优先考虑NbS措施，以充分解锁自然的力量，使全社会携手创造一个"人与自然和谐共处"的可持续发展的未来，助力自然重新焕发生机。

参考文献

Barber C V, Petersen R, Young V, et al., 2020. The Nexus Report: Nature Based Solutions to the Biodiversity and Climate Crisis[R]. F20 Foundations, Campaign for Nature and SEE Foundation.

Cohen-Shacham E, Andrade A, Dalton J, et al., 2019. Core principles for successfully implementing and upscaling Nature-based Solutions[J]. Environmental Science & Policy, 98: 20-29.

Davidson N C, 2014. How much wetland has the world lost? Long-term and recent trends in global wetland area[J]. Marine and Freshwater Research, 65(10): 934-941.

Dinerstein E, Olson D, Joshi A, et al., 2017. An ecoregion-based approach to protecting half the terrestrial realm[J]. Bioscience, 67(6):534-45.

De Lamo X, Jung M, Viscont P, et al., 2020. Strengthening synergies: how action to achieve post-2020 global biodiversity conservation targets can contribute to mitigating climate change[R]. Cambridge: UNEP-WCMC.

Ermgassen P, Grabowski J H, Gair J R, et al., 2015. Quantifying fish and mobile invertebrate production from a threatened nursery habitat[J]. Journal of Applied Ecology, 53(2): 596-606.

FAO, 2020. Global Forest Resources Assessment 2020 - Key findings[R]. Rome: FAO.

FAO, 2019. The State of the World's Biodiversity for Food and Agriculture[R]. Rome: FAO Commission on Genetic Resources for Food and Agriculture Assessments, 572.

Fitzsimons J, Branigan S, Brumbaugh R D, 等 , 2019. 贝类礁体修复指南 [R]. 弗吉尼亚州阿灵顿：大自然保护协会 .

Gamfeldt L, Snäll T, Bagchi R, et al., 2013. Higher levels of multiple ecosystem services are found in forests with more tree species[J]. Nature Communications, 4(1): 1340.

Gibbs H K, Salmon J M, 2015. Mapping the world's degraded lands[J]. Applied Geography, 57: 12-21.

Hua F, Wang X, Zheng X, et al., 2016. Opportunities for biodiversity gains under the world's largest reforestation programme[J]. Nature Communications, 7(1): 1-11.

Huang Y, Chen Y, Castro-Izaguirre N, et al., 2018. Impacts of species richness on productivity in a large-scale subtropical forest experiment[J]. Science, 362(6410):80-83.

IPBES secretariat, 2019. Summary for policymakers of the global assessment report on biodiversity and ecosystem services of the Intergovernmental Science-Policy Platform on Biodiversity and Ecosystem Services[R]. Bonn: IPBES.

IPBES Secretariat, 2018. The IPBES assessment report on land degradation and restoration[R]. Bonn: IPBES.

IUCN, 2020. Global Standard for Nature-based Solutions: A user-friendly framework for the verification, design and scaling up of NbS[R]. Gland, Switzerland: IUCN.

IUCN, 2016. Nature-based solutions to address global societal challenges[R]. Gland: IUCN.

Kremen C, Merenlender A M, 2018. Landscapes that work for biodiversity and people[J]. Science, 362: 6412.

Li L, Hu R, Huang J, et al., 2020. A farmland biodiversity strategy is needed for China[J]. Nature Ecology & Evolution, 4(6): 772-774.

MEA, 2005. Ecosystems and human well-being: synthesis[M].Washington, DC: Island Press.

Naumann S, Davis M, 2020. Biodiversity and nature-based solutions: analysis of EU-funded projects[R]. Brussels: European Commission.

Seddon N, Chausson A, Berry P, et al., 2020. Understanding the value and limits of nature-based solutions to climate change and other global challenges[J]. Philosophical Transactions of the Royal Society B Biological Sciences, 375(1794): 1-12.

Schmidt-Traub G, Locke H, Gao JX, et al., 2020. Integrating climate, biodiversity, and sustainable land-use strategies: innovations from China[J]. National Science Review.

Swaisgood R R, Wang D, Wei F, 2018. Panda Downlisted but not Out of the Woods[J]. Conservation Letters, 11(1): e12355.

UNCBD Secretariat, 2020. Global biodiversity outlook5[R]. Montreal: UNCBD .

UNCCD, 2015. Sustainable financing for forest and landscape restoration[R]. Rome:

UNCCD.

UNDP, 2016. Mainstreaming of biodiversity across sectors including agricultural, forests and fisheries[R]. Montreal: UNDP.

UNEP, 2019. Global Environment Outlook - GEO-6: Healthy planet, healthy people[R]. Nairobi: UNEP.

Van der Esch S, Ten Brink B, Stehfest E, et al., 2017. Exploring Future Changes in Land Use and Land Condition and the Impacts on Food, Water, Climate Change and Biodiversity: Scenarios for the UNCCD Global Land Outlook[R]. The Hague: PBL Netherlands Environmental Assessment Agency.

Wall C C, Peterson B J, Gobler C J, 2008. Facilitation of seagrass Zostera marina productivity by suspension-feeding bivalves[J]. Marine Ecology Progress Series, 357(01): 165-174.

Wilson E O, 2016. Half-earth: our planet's fight for life[M]. New York: Liveright.

范昌福，裴艳东，田立柱，等，2010. 渤海湾西部浅海区活牡蛎礁调查结果及资源保护建议 [J]. 地质通报，29(5): 660-667.

《中国生物多样性国情研究报告》编写组，1998. 中国生物多样性国情研究报告 [M]. 北京：中国环境科学出版社 .

高吉喜，徐梦佳，邹长新，2019. 中国自然保护地 70 年发展历程与成效 [J]. 中国环境管理，11(4): 25-29.

李黎，吕植，2019. 土地多重效益与生物多样性保护补偿 [J]. 中国国土资源经济，32(7)：12-17.

刘国华，傅伯杰，陈利顶，等，2000. 中国生态退化的主要类型、特征及分布 [J]. 生态学报，20(1)：13-19.

罗明，应凌霄，周妍，等，2020a. 从 "基于自然的解决方案" 看生物多样性保护 [N]. 中国自然资源报，2020-05-21.

罗明，应凌霄，周妍，2020b. 基于自然解决方案的全球标准之准则透析与启示 [J]. 中国土地，4：9-13.

罗明，张琰，张海，2020c. 基于自然的解决方案在《山水林田湖草生态保护修复工程指南》中的应用 [J]. 中国土地，10：14-17.

罗明,周妍,陈妍,等,2020d. 对标国际前沿引入自然解决方案 [N]. 中国自然资源报，2020-10-21(003).

全为民，周为峰，马春艳，等，2016. 江苏海门蛎岈山牡蛎礁生态现状评价 [J]. 生态学报，36(23)：7749-7757.

全为民，安传光，马春艳，等，2012. 江苏小庙洪牡蛎礁大型底栖动物多样性及群落结构 [J]. 海洋与湖沼，43(5)：992-1000.

孙万胜，温国义，白明，等，2014. 天津大神堂浅海活牡蛎礁区生物资源状况调查分析 [J]. 河北渔业，9：23-26, 76.

薛达元，张渊媛，2019. 中国生物多样性保护成效与展望 [J]. 环境保护，47(17)：38-42.

薛达元，武建勇，赵富伟，2012. 中国履行《生物多样性公约》二十年：行动、进展与展望 [J]. 生物多样性，5：623-632.

银森录，李俊生，2019. 积极履约，加强生物多样性保护 [J]. 中华环境，6：20-23.

张忍顺，齐德利，葛云健，等，2004 . 江苏省小庙洪牡蛎礁生态评价与保护初步研究 [J]. 河海大学学报：自然科学版，32（增刊）：21-26, 41.

中华人民共和国生态环境部，2020. 2019 中国生态环境状况公报 [R]. 北京：中华人民共和国生态环境部 .

附表　方法和工具清单

方法	工具/报告	简介	链接
自然保护系统工程	保护行动规划（CAP）	保护行动规划（CAP）方法是项目管理原理在保护领域的运用，遵循确定保护目标和保护对象、制定保护对策、开展保护行动、评估保护成效的适应性管理框架，涵盖了项目生命周期管理全过程，包括项目的计划、实施、监测、评估等阶段。CAP 方法可以应用于各种规模和类型的保护规划的制定，从项目到保护区乃至更大范围	http://www.conservationgateway.org/ConservationPlanning/ActionPlanning/Pages/conservation-action-plann.aspx
	系统保护规划（SCP）	系统保护规划（SCP）以生态区而非行政边界划分地域单元，从生态系统和物种两个层面分别筛选重点的保护对象，设定相应的保护目标，使保护对象的数量和分布能尽可能保证每个生态区能够维持其基本的生态结构和功能；同时结合资源利用和保护现状，找出那些生物多样性价值高且保护代价低的地作为优先保护的重点区域。SCP 的典型应用为《中国生物多样性保护远景规划》项目，项目识别出中国 32 个陆地生物多样性保护优先区，为《中国生物多样性保护战略与行动计划》（2011—2030年）提供了关键技术支撑	http://tnc.org.cn/upload/20131031/153908.pdf
保护项目规划指南（Conservation Business Planning Guidance）		保护项目规划指南可指引保护团队制定简洁、有效、灵活的保护计划。该指南提供：基于核心问题和关键要素的基本规划框架；回答每一个问题的基础理论；详细的过程指南；额外的资源、工具和案例；建议的计划内容、格式和概要	http://www.conservationgateway.org/ConservationPlanning/BusinessPlanning/Documents/CBP_Guidance.pdf
陆地生物多样性保护	社会公益型保护地模式	土地信托及其管理的私有保护地是美国保护地体系中非常重要的一个组成部分。TNC 作为美国最大的土地信托机构，在私有保护地建立和管理方面具有丰富的经验。2010 年，借助政策改革带来的新机遇，TNC 中国将土地信托模式引入中国，通过社会公益型保护地项目，先后在老河沟、八月林、草海等地探索和实践社会公益型保护地的建立和管理	详情咨询：china@tnc.org（TNC）

方法	工具/报告	简介	链接
陆地生物多样性保护	气候变化对中国生物多样性保护优先区的影响与适应研究	TNC 参与的《中国生物多样性保护战略与行动计划》（2011—2030年）的工作，利用系统保护工程的方法体系，确定了中国陆地生态系统 32 个生物多样性保护优先区（下文简称优先区），评估已经发生的气候变化（1961—2008年）对优先区的影响；并通过对未来气候的模拟，利用动态植被模型，从生态系统层面出发，以植被为主要的研究对象，评估未来50年和100年的植被动态以及植被变化下优先区保护对象可能发生的变化，从而提出相应的适应策略	http://tnc.org.cn/upload/20130719/233754.pdf
	气候变化弹性网络规划	TNC 在系统保护规划基础之上，将保护对象在气候变化下未来的潜在分布区、潜在迁移廊道和高气候弹性区作为扩展的保护目标；并在考虑保护代价时，将气候变化带来的压力和风险与人类干扰整合起来，通过 Marxan 空间优化模型最终识别出有弹性的保护网络。这个网络不仅能够覆盖当前的生物多样性重要区域，同时也能前瞻性的覆盖气候变化下的未来生物多样性格局，在气候变化背景下仍然保证保护目标实现。这一成果为《四川省生物多样性保护战略与行动计划（2011—2020年）》提供了关键的技术支持	http://tnc.org.cn/upload/20131031/153908.pdf

方法	工具/报告	简介	链接
海洋生物多样性保护	海洋财富地图	基于已有的科学研究成果，在全球、区域和地方尺度上，对海洋生态系统的多种生态服务功能进行量化评估和空间展示，让各行各业的决策者清晰看到现存的或已退化的海洋生态系统蕴藏的真正价值，进而支持决策者做出更为明智的投资决策，实现海洋的可持续利用	https://oceanwealth.org/
	贝类礁体修复指南	因各种不同目标而修复的牡蛎礁为人们提供了各种各样的生态系统服务。贝类礁体的生态修复已经成为一项全球实践，从亚太地区到欧洲大陆、美洲大陆，规模不断扩大。在过去的十几年中，TNC 与合作伙伴在全球各地开展牡蛎礁修复实践，从小规模的概念验证扩大到海湾、河口等大尺度的规划和实施。2019 年，TNC 总结近年来本土和世界各地的实践经验，开发了《贝类礁体修复指南》，旨在为贝类礁体修复项目的全过程提供思路和基础信息，并基于实例介绍了修复实践者在各种地理环境和社会背景下可采取的不同方法，在全球范围具有应用价值	http://www.tnc.org.cn/TNC_Restoration_Guidelines_CH_WEB_Final.pdf
更多报告的延伸阅读参见：https://www.nature.org/en-us/what-we-do/our-insights/biodiversity/			

4

基于自然的
解决方案
构建再生食物系统
—
Nature-based Solutions
Creating Regenerative
Food System

2015 年，联合国各成员国承诺执行《变革我们的世界：2030 年可持续发展议程》，以消除饥饿、食物不安全和一切形式的营养不良。然而 5 年后的数据显示，全球在实现可持续发展目标 2.1（保障所有人全年获取安全、营养、充足的食物）和目标 2.2（消除一切形式的营养不良）上并未取得重要进展。全球食物系统依然面临着气候变化和自然资源压力增大的巨大挑战。与此同时，2020 年 COVID-19 的大流行致使劳动力短缺和供应链中断，影响了一些国家和地区的食物安全，进一步显现了全球食物系统的脆弱性。如何以可持续的方式满足日益增长的人口对食物的需求，是人类亟须解决的问题。

（1）食物安全

1974 年，FAO 首次提出了"食物安全"（Food Security）一词。当时国内将其译为"粮食安全"，把粮食等同于食物。实际上，"粮食"一般仅局限于淀粉类作物和豆类作物等主粮作物，而"Food"即"食物、食料、粮食；营养物、营养品、食品；饲料等"，不仅是"粮食"（朱信凯，2014）。FAO 将全球食物分为 12 大类（表 4-1）。"食物"可来源于陆地、淡水和海洋的植物、动物和微生物等。按照生产对象，全球食物主要来源于种植业（农作物栽培，包括大田作物和园艺作物的生产）、畜牧业（畜禽饲养）、渔业（水生动植物的捕捞和养殖）。

表 4-1 FAO 食物分类

编号	食物类名
01	谷物
02	块茎和大蕉
03	豆类
04	坚果和种子
05	蔬菜
06	水果
07	肉类和畜产品
08	蛋类
09	鱼类
10	乳制品
11	调料
12	其他

资料来源：FAO and INFOODS（2013）。

所谓食物安全是指"所有人在任何时候都能够在物质上和经济上获得足够、安全和富有营养的食物来满足其积极和健康生活的膳食需要及食物喜好"（FAO，2001）。2020年7月，FAO等5家联合国机构发布的《世界粮食安全和营养状况》指出，COVID-19暴发之前，近6.9亿人（约占世界人口的8.9%）处于饥饿之中，比1年前增加1 000万人，比5年前增加近6 000万人。如果此趋势持续下去，那么到2030年全球饥饿人口数量将超过8.4亿人（FAO et al., 2020）。此外，根据最新全球经济展望所做的初步预测，COVID-19大流行可能导致2020年食物不足人数新增8 300万人至1.32亿人。因此，即便没有COVID-19大流行带来的负面影响，到2030年世界也将难以实现零饥饿的目标（FAO，2020a）。除饥饿外，越来越多的人不得不减少自身所消费食物的数量并降低其质量。2019年，共有20亿人面临饥饿或无法正常获取营养和充足的食物，占全球总人口的25.9%（FAO et al., 2020）。如果不能及时采取强有力的行动，情况可能进一步恶化。

（2）食物安全面临的威胁

食物安全是食物系统（食物的生产、加工、运输、烹饪、消费）在实现人类福祉过程中的一种成果。同时，气候系统和生态系统（农田、草地、淡水、海洋等）也通过与食物系统的相互作用影响食物安全（图4-1）。

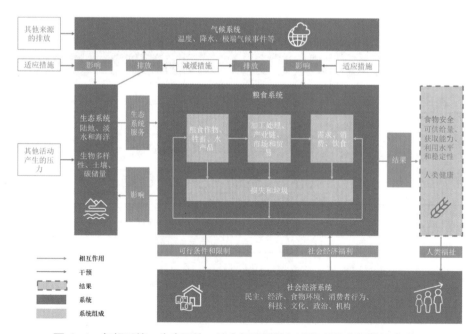

图4-1 气候系统、生态系统、社会经济系统与食物系统之间的相互联系

资料来源：IPCC（2019）。

　　高投入的食物生产方式越来越不可持续。在所有生态系统服务功能（供给、调节、支持、文化）中，供给是生态系统的基本功能。几乎所有的生态系统都具备供人种植、收集、狩猎或收获食物的条件。高投入的食物生产方式是大自然面临的首要威胁。1961 年以来，全球人均食物供应增加了 30%，但是全球氮肥的使用量约增加了 8 倍，灌溉用水增加了 1 倍以上（IPCC，2019）。到 2050 年需要多生产约 50% 的食物才能满足不断增长的世界人口的需求（FAO，2018a）。人类大部分的食物生产活动正在加剧气候变化，加快生物多样性丧失。1/4 的温室气体排放、70% 的淡水消耗和 80% 的栖息地丧失都是由人类的食物生产活动造成的 [1]。人类正处于食物生产与生态环境退化形成的恶性循环中。以上事实一再警示，现有的高投入的食物生产方式越来越不可持续。

　　气候变化威胁着全球食物系统。《世界粮食安全和营养报告》指出，气候变化及其导致的极端事件频发是阻碍人类消除饥饿、食物不安全和营养不良的重要因素（FAO et al., 2017；2018）。气候变化致使干旱地区食物产量下降，当全球地表平均气温超出工业化前地表平均气温 1.5℃，就将对食物系统产生日益严重的影响。同时，气候变化会使病虫害加剧，即使采用了现代病虫害防控技术，每年全球作物损失仍达 20% ~ 40%，更糟糕的是病虫害抗药性还在不断增加（IPCC，2019）。2019 年年底东非地区爆发的严重蝗灾，已致 4 200 万人陷入食物危机，如果不能有效防治，蝗灾将严重威胁到当地的食物安全，甚至导致饥荒。

　　（3）NbS 有助于构建再生食物系统，保障食物安全

　　在应对全球食物系统面临的挑战时，NbS 提供了一个优质的解决方案——再生食物系统，是以积极修复生态系统的方式生产食物，让大自然不断再生，而不是使其退化，同时还兼具保护生物多样性、减少温室气体排放和改善食物生产者生计的多重效益。

　　本章"基于自然的解决方案，构建再生食物系统"将从理论和实践的角度分别介绍 NbS 如何通过对生态系统的保护、可持续管理和修复，助力提升耕地质量、修复草地健康和促进渔业可持续发展，有效地应对全球食物危机，促进可持续发展目标（消除饥饿、食物不安全和一切形式的营养不良）的实现（图 4-2）。

1　https://www.nature.org/en-us/what-we-do/our-insights/perspectives/regenerative-agriculture-food-system-restore-planet/.

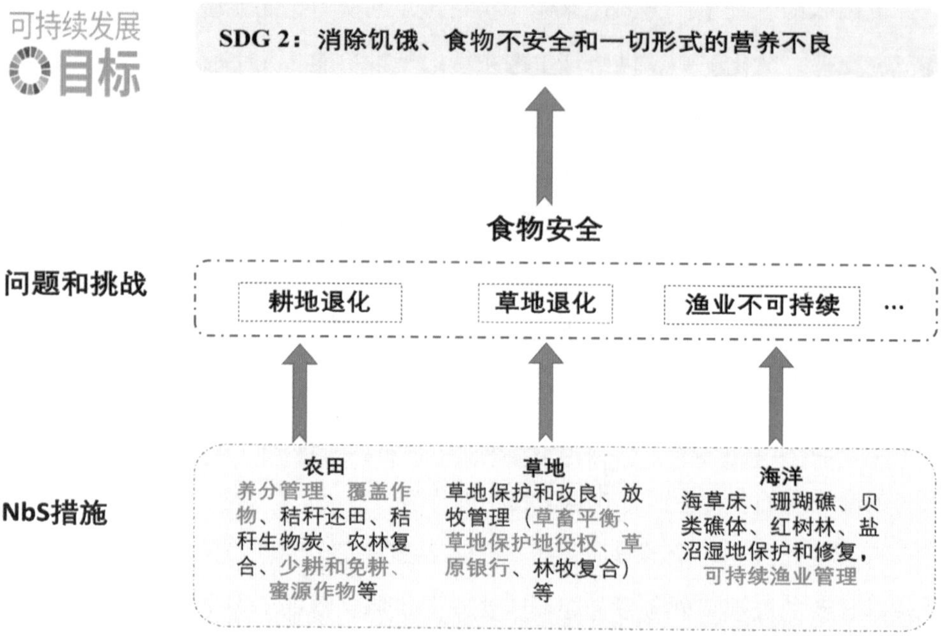

图 4-2　NbS 保障食物安全路线图

注：NbS 措施中绿色为本章重点阐述措施。

4.1　基于自然的解决方案，保障种植业可持续发展

4.1.1　耕地质量

耕地通常泛指用于种植农作物的土地。耕地种植的农作物包括粮、棉、油、麻、茶、饲料等大田作物以及果树、蔬菜、药用和观赏植物等，对这类广义的作物进行栽培与管理的社会生产部门称为种植业。耕地作为特定的土地类型，具有稀缺性和不可替代性，是发展种植业满足人类生存需求的基本资源，良好的耕地质量对于保障种植业的可持续发展具有重要意义。耕地质量是构成耕地的各种自然因素和环境条件状况的总和，体现在耕地生产能力、耕地环境状况、耕地产品质量三大要素上（刘友兆等，2003）。尽管有关耕地质量的定义尚未形成统一标准，可以确定的是耕地质量是耕地各种性质的综合反映，可从 3 个维度来衡量，即耕地适宜性、耕地生产潜力和耕地现实生产力。有别于国际上对土地质量的讨论，本节的耕地质量聚焦在与种植业相关的耕地及其环境整体的讨论上。这同样有别于对土地肥力等单一性状的探讨，耕地质量取决于气候、土壤、环境、技术等多重条件的共同作用（叶思菁，2020）。

　　气候和环境在不同区域的地理空间差异较大，我国幅员辽阔且地形复杂，从南到北纵贯 7 个气候带，从东南的湿润区，向西北逐步过渡到半湿润区、半干旱区和干旱区，平均海拔高差超过 4 000 m，多样化的地理特征带来的气候和环境差异造就了我国耕地质量的空间异质性（程锋等，2014）。气候和环境差异根本上是由于区域的地理和资源禀赋差异造成的，一定程度上属于定值，而土壤健康这一保障耕地质量提升的先决条件在一定程度上还有提升空间，提升土壤健康能够最大化地挖掘耕地质量的提升潜力。

4.1.2　土壤健康提升耕地质量

　　地球上大约 95% 的食物来源于土壤种植，健康的土壤对于构建以种植业可持续发展为导向的再生食物系统至关重要。FAO 将土壤健康定义为：在生态系统和土地利用边界内，土壤作为一个生命系统所发挥的维持植物和动物生产力、保持并提升水和空气质量、改善动植物健康状况的能力（FAO，2008）。健康的土壤能维持多样化的土壤生物群落,这些生物群落有助于控制植物病害、虫害以及杂草，有助于与植物根系形成有益的共生关系，促进植物养分循环。生物群落还通过对土壤持水能力和养分承载容量产生的积极影响，改善土壤结构，提升土壤肥力，最终提高作物产量。健康的土壤还可以通过维持或增加自身碳储量，为减缓气候变化作出贡献。

　　全球 33% 的土壤资源正在退化，若不采取措施，预计到 2050 年退化土壤的比例将高达 90%（IPBES，2018）。全球土壤功能正在面临着土壤侵蚀、土壤有机质丧失、养分不平衡、土壤酸化、土壤污染、水涝、土壤板结、地表硬化、土壤盐渍化和土壤生物多样性丧失十大主要威胁。2015 年 FAO 发布的《世界土壤资源状况》报告指出，每年因土壤侵蚀导致的表土流失达 250 亿～400 亿 t，同时导致作物产量、土壤碳储存和碳汇能力以及土壤养分和水分的明显减少。因侵蚀造成的谷物年产量损失约为 760 万 t，若不采取行动减少侵蚀，预计到 2050 年全球谷物总损失量将超过 2.53 亿 t，相当于减少了 150 万 km² 的作物生产面积，几乎等于印度的全部耕地面积。

　　健康的土壤是改善耕地质量的基础，土壤养分匮乏、酸化、盐碱化、土壤侵蚀是耕地质量下降的重要原因，也是土壤退化地区提高粮食产量和土壤功能的最大障碍。现阶段，土壤健康问题正随着不合理的种植业生产活动不断加剧。在非洲，多数国家每年在种植过程中从土壤中提取的养分都超过其使用化肥、作物秸秆、粪便等有机物返还给土壤的养分含量。土壤盐渍化会导致作物的减产，甚至颗粒无收。目前，人为干扰引起的土壤盐渍化影响着全球大约 76 万 km^2 的土地，这一数字甚至超过了巴西全国耕地的总面积。南美洲由于经历过毁林和集约化的农业发展，成为全球表土盐渍化程度最高的地区（FAO and ITPS，2015）。

2019 年，农业农村部发布的《2019 年全国耕地质量等级情况公报》表明，全国现有耕地 20.23 亿亩，其中一等~三等的耕地（优等地）面积为 6.32 亿亩，仅占全国耕地总面积的 31.24%，这部分耕地基础地力较高，障碍因素不明显。耕地质量评级为七等~十等的耕地（低等地）面积为 4.44 亿亩，占全国耕地总面积的 22%，其耕地质量低除气候和环境等主导因素外，所面临的土壤健康问题格外严重（表 4-2）。

表 4-2　我国各区域耕地土壤健康问题及解决方案

区域	总耕地面积/亿亩	低等地占比/%	土壤健康问题	建议的解决方案
东北区（包括辽宁省、吉林省、黑龙江省全部和内蒙古自治区东北部）	4.49	7.90	土壤结构松散，存在盐碱、瘠薄、潜育化、障碍层次、酸化等障碍因素，并伴有风蚀和水蚀危害	推广少耕、免耕技术，减少对耕层的扰动，降低风蚀、水蚀的风险；针对障碍因素进行平衡施肥、增施有机肥，培肥地力
内蒙古及长城沿线区（包括内蒙古自治区、山西省、河北省大部分区域）	1.33	48.45	土壤养分含量整体偏低，水土流失严重	通过增施有机肥等方式增加耕层土壤有机质含量，改善土壤理化性状和生物性状；通过增加地表覆盖物等方式，减缓风蚀水蚀
黄淮海区（包括北京市、天津市、山东省全部，河北省东部、河南省东部、安徽省北部）	3.21	10.64	土层浅薄，土壤酸化和盐渍化	推广作物秸秆还田技术培肥地力；针对土壤盐渍化问题，完善排水设施，控制地下水位；针对土壤酸化问题，施用土壤调理剂、增施有机肥
黄土高原区（包括陕西省中部、北部，甘肃省中部、东部，青海省东部，宁夏回族自治区中部、南部，山西省中部、南部，河北省西部太行山区和河南省西部地区）	1.70	54.76	土壤质地较粗，结构松散，土壤养分极度贫乏	加强农田生态环境建设，修复坡地植被，减少水土流失；通过增施有机肥、平衡施肥、秸秆覆盖还田、种植覆盖作物、合理轮作等措施培肥熟化土壤，着力改善耕层理化性状和养分状况

区域	总耕地面积 / 亿亩	低等地占比 /%	土壤健康问题	建议的解决方案
长江中下游区（包括河南省南部及安徽省、湖北省、湖南省大部，上海市、江苏省、浙江省、江西省全部，福建省、广西壮族自治区、广东省北部）	3.81	18.17	土壤养分贫瘠，盐渍化	平衡施肥、增施有机肥，培肥地力，阻断盐分在土表的集聚
西南区（包括重庆市与贵州省全部、甘肃省东南部、陕西省南部、湖北省与湖南省西部、云南省和四川省大部分地区以及广西壮族自治区北部）	3.14	21.67	土层浅薄，砾石含量高，土壤酸化、瘠薄、潜育化	改善排水，聚土垄作或横坡耕作等措施减少水土流失，增施有机肥料培肥地力，改善土壤结构
华南区（包括海南省全部、广东省与福建省中南部、广西壮族自治区与云南省中南部）	1.23	34.54	土壤瘠薄、酸化、盐渍化	改善排水，平衡施肥，增施有机肥
甘新区（包括新疆维吾尔自治区全境、甘肃省河西走廊、宁夏回族自治区中北部及内蒙古自治区西部）	1.16	23.08	土壤盐分含量高，沙化、荒漠化严重、有效灌溉程度低、土壤养分贫瘠	留高茬免耕（或少耕）覆盖保护性耕作，改顺风向种植为垂直风向种植，防止土壤风蚀沙化；建设农田防护林网、构建生物篱带、粮草轮作增加农田周边的植被覆盖率；因地制宜开展秸秆粉碎翻压还田、秸秆免耕覆盖还田；平衡施肥、增施有机肥提高耕地地力
青藏区（包括西藏自治区全部、青海省大部、甘肃省甘南及天祝地区、四川省西部、云南省西北部）	0.16	65.79	土层较薄、土壤养分贫瘠	增施有机肥培肥地力，营造农田防护林网减少土壤风蚀

注：根据《2019年全国耕地质量等级情况公报》[1]提炼和总结，港澳台地区未参与评价；低等级是指耕地质量评级为七等～十等的耕地。

　　党的十八届五中全会提出，坚持最严格的耕地保护制度，坚守耕地红线，实施"藏粮于地、藏粮于技"战略。我国人均耕地数量仅为世界平均水平的45%，这意味着必须在加强土壤可持续利用的同时提高生产力。此外，我国土壤肥力水

1　http://www.moa.gov.cn/nybgb/2020/202004/202005/t20200506_6343095.htm.

平整体偏低，耕地土壤的有机质含量不及欧洲同类土壤的一半。同时我国土壤出现土壤侵蚀、水土流失、土壤沙化、酸化和盐渍化等现象的面积还在继续扩大，成为我国耕地质量提升的障碍，是威胁粮食安全的隐患。"藏粮于地、藏粮于技"战略实现的基础是要保障耕地数量和提升耕地质量（陈印军等，2016），对土壤侵蚀、酸化、盐渍化以及土壤养分瘠薄等共性问题进行解决，有针对性地改善各区域土壤健康，是保障耕地数量、提升耕地质量的关键所在。

4.1.3　NbS 提升耕地土壤健康

NbS 的有效应用可以改善土壤健康，提升耕地质量，保障种植业可持续。要加强 NbS 在农业生产过程中的应用，在农田及其周边最大限度的修复自然植被或构建自然生境；在种植过程中推行保护性耕作模式，采取免耕或少耕以减少机械对土壤的扰动；种植覆盖作物提升土壤肥力、增加地表植被覆盖等。此外，大部分农田土壤污染都源于肥料的滥用，开展农田养分管理，精准施肥、按需施肥、施用正确的肥料，从而提升肥料使用效率，可以有效降低农田土壤甚至是流域的污染。此外，一项 NbS 措施的开展通常会带来其既定目标之外的多重效益，NbS 通过多种措施的应用在提升土壤健康的同时，也会带来农田生物多样性的提升、水资源保护和节约利用，同时为应对气候变化作出贡献。

免耕、种植覆盖作物和作物轮作作为提升土壤健康的三大重要措施，亟须在种植者、政府、农业私营部门、科研机构、NGO 等多方参与下共同推动。免耕是指在耕作周期中不翻动表土，避免耕作带来的土壤扰动。免耕是保护性耕作制度的一种，可以有效防止土壤侵蚀（Derpsch et al., 2010）。覆盖作物是经济作物收获后种植的一种反季节作物，相比普通作物种植用于收获的目的，覆盖作物的种植是用来覆盖土壤，发挥避免侵蚀、提升肥力、控制杂草、降低病害发生、提升农田生物多样性等功能（Carlson et al., 2013）。作物轮作是指在同一耕地上，生长周期之间轮换种植不同作物的种植方式，轮作在提高生物多样性和肥料利用率，改良土壤结构，防止土壤病虫害方面具有重要的作用（Mohler，2009）。

为了鼓励投资者通过可持续的土壤健康措施来提高作物产量，创收的同时减少对环境的负面影响，TNC 的农业专家、经济学家联合其他科学家组成跨学科团队，与通用磨坊公司（General Mills）合作共同编写了土壤健康报告，于 2016 年发布的《重新思考土壤》报告被 GreenBiz 列为 2016 年有重大影响的七份报告之一。该报告为土壤健康的构建和提升指明了行动方向，并指出免耕、覆盖作物种植和作物轮作三种土壤健康提升措施推广到美国种植玉米、大豆和小麦耕地的一半时，将在土壤健康大幅提升的基础上，节约 74 亿 ~ 196 亿美元的社会成本，若这三种措施被美国全部的玉米、大豆和小麦种植区采用时可节省约 187 亿 ~ 498 亿美元的社会成本。目前 TNC 正在与土壤健康协会（Soil Health Institute）和土壤健康伙伴关系（Soil Health Partnership）合作，整合了大约 135 个示范点的数据，开发新的土壤健康评估指标框架，与农业供应链上的重要利益相关方开展战略性合作。与此同时，TNC 正在与美国农业部（USDA）下设的自然资源保护局（NRCS）合作，在更大面积的耕地上推广土壤健康措施，其目标是到 2025 年将土壤健康措施应用到美国 50% 以上的耕地。若该目标达成将减少 2 500 万 t 的 CO_2 排放（相当于每年减少 500 万辆小客车）；减少 1.56 亿 kg 土壤养分的流失；遏制 1.16 亿 t 的土壤侵蚀；为农田土壤增加 44 亿 m^3 的可用水容量（TNC，2016）。

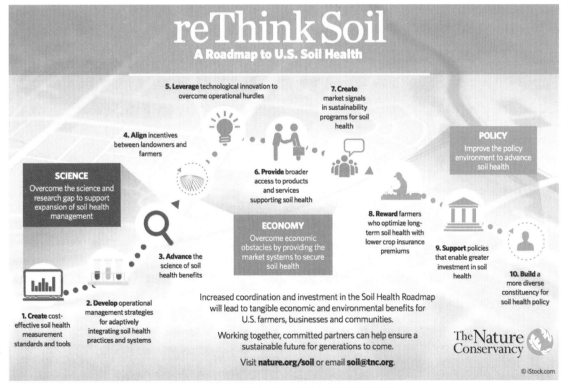

图 4-3　美国土壤健康路线图

资料来源：TNC（2016）。

案例

6

"4R" 养分管理提升土壤健康 [1]

位于墨西哥湾的密西西比河和大西洋交汇处，每年都会出现令人震惊的"死亡区"。春季洪水将美国中西部大量的农业径流带入水体致使氮、磷等营养物质进入湖泊、河口、海湾等缓流水体，引起藻类及其他浮游生物迅速繁殖，细菌对藻类的分解消耗了大量氧气，使水体溶解氧量下降，水质恶化，这种典型的水体富营养化现象造成鱼类及其他海洋生物大量死亡，从路易斯安那州的密西西比河三角洲向西一直延伸到得克萨斯州海岸，死亡地带覆盖了 8 776 平方英里 [2]，大约相当于整个新泽西州的面积。在气候变化的影响下，春季强降雨增多导致径流带入水体的养分越来越多，几十万吨硝酸盐从农田、城市等地冲进了 31 个州的密西西比河流域的水道，最终排入墨西哥湾。大量的养分径流对北美的海洋和淡水系统构成了相当大的威胁，同时影响着自然区域和野生动物栖息地，污染了饮用水，并给城市造成了巨大的水处理成本，死亡区同时威胁着海湾地区价值近 10 亿美元的商业和渔业。

而造成这一后果的根源在于不合理肥料施用带来的过量农田养分的径流和淋洗，TNC 正在与种植者、学术界、政府和农业部门合作，共同应对农田养分流失的挑战。通过有益于土壤健康的农业措施，如覆盖作物、少耕、轮作和土壤养分管理等，防治土壤侵蚀和养分流失，使养分可以留在田里，而避免其进入河道，这些措施可以在提高农产品质量、降低农业成本的同时，消除对环境特别是水生生态系统的负面影响。

"4R"（四个正确）原则是全球通用的养分管理原则 [3]，首先，要求正确的肥

1　https://www.nature.org/en-us/what-we-do/our-insights/perspectives/stopping-the-cycle-of-dead-zones-in-the-gulf-of-mexico-and-beyond/.

2　1 平方英里等于 2.59 平方千米。

3　https://nutrientstewardship.org/4rs/4r-principles/.

料来源，通过考量土壤中现存的养分种类，种植作物所需养分种类以及不同肥料的吸收、利用率，确定正确的肥料种类和来源。其次，要求正确的肥料施用量，通过对土壤养分的化学评估结果、产量目标、作物养分需求量等因素进行综合考量确定正确的施肥量和肥料配比。再次，要求正确的施肥时间，不同作物生长节律有别，肥料施用需要根据作物的生长规律在适当的时间进行合理施肥，以确保最大化肥料利用率；此外，天气因素也会影响肥料的利用，如在暴雨前施肥将由于雨水冲刷导致大量的养分流失。最后，要求在正确的地点或位置进行施肥，如对一般作物而言根部施肥可以提高肥料利用率，但施肥位置需要综合考虑土壤和作物类型、坡度、农田到地表水的距离等因素。

如何在当地使用它们取决于在密西西比河流域，TNC 与种植者、当地政府农业部门合作，通过对农田土壤、种植制度、管理技术和气候等因素的综合考量。确定适合于当地的"4R"原则，在改善土壤健康的同时，降低农业投入、减少养分流失。监测结果证实，相比在整个流域中随机选择农田，优先选择径流发生率较高的农业用地提升土壤健康，将更有助于改善水质。随着项目的推进，TNC 又将轮作、覆盖作物种植、免耕等保护性农业措施与"4R"养分管理原则相结合，形成了"4R Plus"（4R+）原则，在降低农业成本、提升产量的同时，最大限度地改善土壤健康，遏制农业养分径流。

4.2　基于自然的解决方案，保障草地畜牧业可持续

4.2.1　草地和畜牧生产

草地主要是生长草本植物或兼有灌木和稀疏乔木，可以为家畜和野生动物提供食物和生产场所，并可为人类提供优良的生活环境、牧草和其他多种生物产品的多功能土地——生物资源和草业生产基地（任继周，2008）。草地覆盖了全球除格陵兰岛及南极洲外的 40.5% 的陆地面积（WRI，2000）。广阔的草地是发展畜牧业的先天优势和坚实的资源基础。从非洲大陆、阿拉伯半岛到亚洲和南美洲的高原地区，全球 25% 以上的土地（大多位于干旱或高寒地区）都经营草地畜牧业（IUCN，2007）。草地畜牧业是许多发展中国家的农业主体产业，部分发达国家或地区（如北美西部、澳大利亚、新西兰等）的农业生产也以草地畜牧业为主。FAO 发布的《畜

牧业应对气候变化》报告指出，肉类、鸡蛋、牛奶提供了全球蛋白质摄入量的 34%
（FAO，2017）；同时畜牧产品还提供了人体必需的微量元素，如铁、维生素 A、维
生素 B_{12}、铁、锌、钙和核黄素，从而起到优化营养的作用。预计到 2050 年，全球
人口将达到近 100 亿，预计食物需求总量将增长 50%，对动物蛋白质的需求将增长
73%[1]。因此，草地畜牧业的健康发展对保障食物安全至关重要。

　　除了生产供给食物，草地还发挥着固碳释氧、涵养水源、维护生物多样性、
文化交流等多重功能：

　　固碳释氧，减缓气候变化：草地生态系统有着非常可观的碳储量。全球草地
的土壤碳储量为 343 Gt C，比森林多 50%（FAO，2010a）。

　　保护生物多样性：草地是重要的动植物基因库。全球保护生物多样性最关键
的生态区，其中 136 个陆地生态区中有 35 个是草地生态系统（Olson and Diner-
stein，2002）。许多珍稀濒危的物种，诸如藏羚羊、普氏野马和北美的草原野牛
等都以草地为栖息地。

　　涵养水源，保障饮水安全：世界上的大江大河及其主要支流都发源于草地，
中游都流经草地。被称为"亚洲水塔"的青藏高原 53% 的地表被草地覆盖，这里
孕育了亚洲著名的长江、黄河和恒河等 10 余条江河，是世界上河流发育最多的区
域（孙鸿烈等，2012）。

　　交流文化，促进社会发展：崇尚自然、践行开放的草原文化是世界文化舞台
上极具特色、不可或缺的重要组成部分，其发展将会推动人类社会向着更加自然
和谐的方向前进。在我国，草原文化与黄河文化、长江文化一样具有重要战略地位，
是灿烂的中华文化的重要源头，使中华文化既有博大的丰富性和多样性，又充满
生机与活力。

4.2.2　草地退化

　　草地退化是在草地生态系统的演化过程中，其生产功能与生态功能相悖，造
成草地结构紊乱、服务功能衰退的现象。人类对草地长期不合理、甚至掠夺式利
用，如过牧、重刈、滥垦、樵采、开矿等是造成全球草地退化的重要因素。同时

1　https://www.nature.org/en — us/what — we — do/our — insights/perspectives/grow — positive —
regenerative — global — food — system/.

气候变化背景下，干旱、风蚀、水蚀、沙尘暴、鼠害、虫害等灾害发生的强度和频率增加，加剧了草地退化的风险。据 FAO 发布的《草地管理和气候变化技术报告》显示，全球 20%～35% 的草地出现了某种程度的退化（FAO，2010b）。按所在区域、成因及表现，全球草地退化类型分为荒漠型退化、生境破坏型退化、杂草（灌木）入侵型退化、水土流失型退化、鼠害型退化、石漠型退化等（董世魁，2020）。

4.2.3　中国草地状况

我国是草地资源大国，天然草地面积 3.93 亿 hm²，约占国土总面积的 41.7%，仅次于澳大利亚，居世界第二位（沈海花等，2016）。作为重要的生产资料，我国 268 个牧区和半牧区县中，很多贫困县牧民 90% 的收入来自草地。这里有 1.7 万多种动植物资源，是维护我国生物多样性的重要基因库，也是"中华水塔"和防沙屏障的重要组成部分。然而由于长期以来我国畜牧业发展中"重畜轻草"，我国的草地资源严重退化，加之过度放牧和刈割等人为因素的强烈扰动，到 21 世纪初，我国约 90% 的天然草地出现了不同程度的退化，中度以上退化面积甚至超过了 50%（付国臣等，2009）。同时，与发达国家相比，我国单位面积草地的畜产品生产水平只有新西兰的 1/80，美国的 1/20，澳大利亚的 1/10（张建华等，2003）。这说明我国的草地畜牧业发展相对落后，但潜力较大。

近年来，我国通过在牧区推行家庭承包经营责任制和实施草原生态保护补助奖励政策，引导牧民科学利用草地资源，使得草地资源利用水平逐步提高。草原承包经营面积达到 43 亿亩，占草原总面积的 73%。草原生态保护补奖政策从 2011 年开始实施，覆盖 13 个省（区）和新疆生产建设兵团，每年投入资金近 200 亿元。这些举措有效调动了广大牧民保护和建设草原的积极性。作为当前我国最重要的生态补偿机制，该政策实施以来，取得了良好成效，草原退化的趋势一定程度上得到了遏制，牧民收入水平得到了明显提升，草地畜牧业结构和功能持续向好转变。2019 年全国草原综合植被盖度较 2015 年提高 2%，重点天然草地平均牲畜超载率较 2015 年下降 3.4%，草地生态功能得到修复和增强。

但这些政策尚未实现推动和激励牧民自主性减畜的目标，我国草地保护的形势依然严峻。从 2020 年 12 月 17 日国务院新闻办公室举行的新闻发布会获悉，国家林草局正在制定的"十四五"规划中，到 2025 年草地综合植被盖度要达到 57%，即在现有基础上增加 1 个百分点。随着两轮草原生态保护补奖政策即将到期，如何总结前期经验教训，研究本轮草原生态保护补奖政策到期后的草地政策，推进"十四五"草地目标的实现，成为重中之重。

4.2.4　NbS 修复草地健康

在过去的一个世纪,全球出现大范围和多形式的草地退化,草地生产能力降低、生态系统服务功能减弱,以草地和畜牧业为生的农牧民生计减少或沦为难民。因此,草地健康的修复面临着提高生计和维持生态服务功能双赢的巨大挑战。NbS 以人与自然的共生关系为基础，推崇以可持续的方式维护和利用草地生态系统服务，以创造自然、社会以及经济的协同效益，共同应对气候变化的挑战。在草地保护中，NbS 通过分析草地退化的原因，将建立保护地、修复退化草场、改善畜牧管理方式等多种方法结合起来，扭转草地生态系统物种多样性退化、土地荒漠化、草畜不平衡等状况，修复草地健康，构建草—畜—人生命共同体。

草地是兼具生产和生态双重属性的特殊生态系统。对于具有重要生态价值的草地区域，建立自然保护地是许多国家采取的主要形式。地处青海省南部、青藏高原腹地的三江源区域，维系着中国乃至整个亚洲的生态自然命脉，孕育坚守着大面积原始高寒生态系统，是我国重要的生态环境安全屏障。20 世纪末，受气候变化和人类活动影响，三江源生态系统服务功能不断下降，湖泊减少、冰川萎缩、草原退化，生物多样性受到严重威胁。进入 21 世纪以来，我国政府先是设立了三江源国家级自然保护区，后又在 2020 年正式设立三江源国家公园。对于草地生物多样性丰富的区域和珍稀濒危的、保护价值高的草原野生物种地保护，建立保护区是个最好的选择。

对于目前被广泛用作牧场的草地而言，NbS 致力于寻求更适宜的草地管理措施来保护、修复草地的生态状况，同时实现草地资源的可持续利用。草地保护地役权、草地银行和智慧草地管理是世界上推动保护以生产功能为首要目标的草地的主要措施。

案例

7

美国草地保护地役权实践

草地保护地役权是指基于环境保护、生态公益、碳减排等目的，草地权利人按照法律的规定或通过协商与国家、地方政府、公益性组织或私人主体签订地役权合同，赋予后者以草地地役权（以实现草地生态功能为主要内容），由草地权利人通过积极的行为来保障实现草地的生态功能，由地役权人支付报酬或履行其他义务。通过草地地役权合同的履行，一方面可以实现草地保护地役权人保护草地生态的目的，另一方面也可以极大地扩展草地权利人的资金渠道，推动实现草地的经济效益。

美国科罗拉多州北部的史密斯牧场（Smith Rancho）占地 16 000 英亩，是鲁特县现存最大的私人土地之一。风光旖旎的史密斯牧场是许多野生动植物的重要栖息地。然而，作为私人牧场，史密斯牧场一直面临着日益增长的发展压力。为了保护这片草地，2011 年起，美国土地开发权征购计划（*Purchase of Development Rights Program*）和科罗拉多户外（GOCO）共同资助，在该区域开展保护地役权项目。TNC 持有牧场的保护地役权，与土地所有者史密斯家族合作保护该区域的草地资源。项目的开展不仅维持了牧场的经营，还确保了重要的大型野生动物走廊不受开发行为的干扰。到 2014 年，16 000 英亩的史密斯牧场已全部置于保护地役权之下。

经过多年的保护实践，史密斯牧场已经成为科罗拉多野生动物的优先保护区域，是麋鹿等动物的重要越冬栖息地。这里还成为科罗拉多州亟须受到保护的物种，如尖尾草原松鸡（*Tympanuchus phasianellus*）和艾草松鸡（*Centrocercus urophasianus*）的栖息家园。这种以生物多样性为前提的地役权的实施，维护了草地的放牧功能，在确保经济效益的同时，提升了该区域的保护价值。

　　美国中部的大草原是美国的标志性景观。TNC 通过与政策制定部门及行业领导者合作，努力保护和修复原生草地，以造福人类和大自然。目前，通过草地保护地役权计划的开展，美国中部大草原已有超过 20 万英亩的草地得到保护，免受持续的耕地转换、能源开发、城市扩张和土地碎片化的干扰。因此，草地保护地役权作为平衡草地资源经济效益、生态效益和社会效益的重要的私法制度，为草地资源的管理和使用开拓了一条有益的道路。

案例

8

美国草地银行实践

草地银行这个概念起源于美国西部，其目的是帮助牧场主在草场修复期有替代场地来进行放牧。草地资源具有公共资源的竞争性，但不具有其排他性，因此牧民们的私人成本和收益与社会成本和收益是不对等的，这容易导致草地租值耗散，即"人们对草地的过度放牧打破了草地生态系统原有的物质平衡，造成草地的迅速退化"。草地银行正是在这样的背景下被提出的。TNC 在与当地牧民建立良好合作的基础上，通过提供替代草场作为补偿，弥补牧民修复自有草地而带来的损失。在自身利益得到保障的前提下，牧民也愿意参与到生态修复中去，而修复后的草场也更适合畜牧业的发展。由此，不论是私有草场还是公共草场都得到了保护和修复。

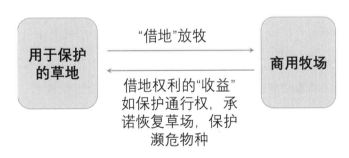

图 4-4　草地银行模式概念图（TNC，2009）

TNC 的斗牛士牧场（Matador Ranch，Montana）坐落在美国蒙大拿州，北美最好的北部混草草原上。蒙大拿州大草原囊括了美国最大且最重要的原生草原。这些被冰川融水灌溉的原生混合草丛，为物种数量急速减少的鸟类提供避难所，如岩鸻（*Charadrius montanus*）、穴居猫头鹰（*Athene cunicularia*）、栗领铁爪鹀（*Calcarius ornatus*）和斯氏鹨（*Anthus spragueii*）。与此同时，蒙大拿州大草原还孕育着北美最稀有的哺乳动物如鹿、麋鹿、黑尾草原土拨鼠和黑足鼬等，散布的鼠尾草草原也为艾草松鸡提供了栖息地。这片草原也是世界上最长的叉角羚迁徙廊道，叉角羚是陆地上仅次于猎豹的奔跑速度最快的哺乳动物之一。

这些草场和牧场如今也面临着严重的生态威胁。其中，最严重的就是草皮的破坏和农田转化。在过去的 25 年里，美国超过 2 500 万英亩的草地被摧毁，是森林损失率的两倍，比亚马逊热带雨林的植被破坏速度还要快。能源开发的推动也使草原面临危险。草地被转化为生物燃料作物且被天然气勘探的道路和输电线破坏。数百英里的围栏更是阻碍了叉角羚等动物的迁徙。对于鹿、麋鹿、叉角羚和鸟类而言，维护不周、设计不良的围栏会带来致命的影响。有害杂草和外来疾病的侵入，比如野生啮齿动物鼠疫和西尼罗病毒，对草原来说也是严重的威胁。

TNC 发展草地银行的目标是通过与当地牧场的合作进行直接的土地保护来保护草原。作为当地最大的私人牧场，TNC 拥有的 6 000 英亩的 Matador 牧场，既是草原保护的典范，也是这种融入社区的创新模式的新尝试。开创性的"草地银行"为实行野生动物友好型管理的牧场主们提供了优惠的放牧价格。牧场主可以通过采取诸如不破坏新土地（不耕作）、野生动物友好型围栏、杂草控制和保护草原土拨鼠和鼠尾草栖息地等多种措施获得优惠的放牧价格。TNC 的另一个目标就是将 Matador 建成草原科学研究基地，并提高依靠牧场生存的野生动物的多样性。

参与合作的牧场主与 Matador 一起改善了菲利普斯郡南部超过 25 万英亩的草原生态环境，同时修复了超过 5.3 万英亩的高危物种艾草松鸡（*Centrocercus urophasianus*）的栖息地，移除或修缮了长达 50 英里的危及野生动物的围栏，保护了超过 3 600 英亩的草原土拨鼠聚集地，控制和监测近 20 万英亩的草场生长情况。

除此以外，TNC 还拥有在该州东北角的波尔多草原保护区。每年数百万只水鸟和滨鸟迁移到草原坑洼区进行繁衍。通过保护地役权对于该区域和毗邻土地的维护，确保了湿地和草原鸟类重要繁殖栖息地的保护。同时，TNC 还帮助在保护区和临近的数百英亩的私有农田边缘，种植了本地草种和野花。总体来看，"草地银行"是一个开创性的实践项目，优秀的管理思路、措施和自然机遇，使它可以做到既保护环境又有利可图。TNC 和牧场主之间的携手合作给项目提供了更大的机遇，也为其他地区草地保护提供了新的实践方向。

案例

9

中国草地智慧管理实践

草地智慧管理是在传统生产力监测和草畜平衡的理论和方法的基础上，结合卫星遥感、气象等大数据，动态地调整放牧时间和放牧强度的放牧管理决策方法。随着世界人口的增加和社会的急速发展，人们对于畜牧业的需求也越来越大，过度放牧成为草地退化的主要原因之一。过度放牧会导致牧草的被啃食量大于生产量，影响生态平衡；为了改变这种现状，NbS 提倡因地制宜，根据各地气候、植被、放牧形式等多种因素，发展可持续放牧管理，合理的利用牧草资源，实现草畜平衡。"草畜平衡"是指在一定区域和时间内通过草原和其他途径提供的饲草饲料量与饲养牲畜所需的饲草饲料量达到动态平衡。

内蒙古草原作为我国五大草原之首，是我国重要的畜牧业生产基地和北方的重要生态屏障，拥有草地面积 8 666 多万 hm^2，但由于过牧、过垦等不合理的利用以及气候变化的推动，致使草地退化、生产力下降、生态屏障作用减弱。

针对上述问题，2016 年起 TNC 与"老牛基金会"在内蒙古中部的典型草原上实施了"内蒙古草地智慧管理"项目。项目通过对草地植被的监测，结合气象数据确定合理的开牧时间；根据 30 余年气象数据和牧草生长节律等因素形成模型，结合手持终端（"智慧草场"App）测算可利用的饲草产量，动态确定放牧时间和放牧强度，制定草畜平衡的草地放牧方案，保证草地的可持续利用。

内蒙古锡林郭勒盟乌拉盖，季节性休牧的草地（围栏左边）的草存量
明显要高于连续放牧草地（围栏右边）

摄影：李青丰

　　"智慧草场" App 是 TNC 和 "老牛基金会" 与内蒙古农业大学共同研发的。通过这款 App，牧民们只需输入自家草场的面积，蓄群组成（如分别有多少羊、牛和骆驼等），再拍下草场的照片，App 就会对当下的草场管理给出实时建议，牧民可以根据 App 的反馈，及时调整放牧计划，避免因过载过牧对草场带来破坏。如果牧民不了解自己草场的具体面积，只需要拿着手机绕着草场走一圈，智慧草场 App 就会自动给出草场的面积。

　　自 2016 年 "内蒙古草地智慧管理项目" 启动，经过三年的放牧管理试验和草地植被监测，提出了适合于当地以及类似条件的北方广大牧区 "夏牧冬饲" 草地畜牧业生产模式。虽然冬季饲养较传统方式提高了成本，但是在季节寒冷时选择饲养可以减少牲畜的死亡率，提高生产效率。整体来看，"暖季放牧、冷季舍饲" 的净收入高于四季放牧，也为发展现代畜牧业提供了经济基础。项目的成果在 2016—2018 年的年度专家评审中得到了来自农业农村部、内蒙古自治区林草局、内蒙古农业大学等方面的领导和专家的充分肯定。未来，草地智慧管理模式有望在内蒙古及周边草原地区进行更大力度的推广。

草地和森林、湿地、河流、湖泊、荒漠、农田一样是国土空间的重要组成部分，也是山水林田湖草沙生命共同体的主要组成部分。草地资源可以产生较高的经济效益、生态效益和社会效益，而已有的国内外实践证明，NbS 可以助力实现草地资源三大效益的平衡，保持草地健康，使其免于遭受更严重的破坏。

4.3　基于自然的解决方案，促进海洋渔业可持续

4.3.1　可持续海洋渔业生产和食物安全

渔业生产的水产品来自海洋和淡水的捕捞业与养殖业，包括如鱼、虾、蟹、贝、藻等各类海水和淡水产品及其衍生制品。全球渔业产量在 2018 年达到 1.79 亿 t 的峰值，其中野生捕捞业的产量自 20 世纪 80 年代末以来大致趋于平稳，基本达到上限；同时水产养殖业开始迅速扩张（Anderson et al., 2017），目前占全球水产品总产量的 46%，与 80 年代低于水产品总产量 15% 的水平相比大幅增长（FAO, 2020b）（图 4-5）。不论是野生捕捞业还是水产养殖业，中国都是渔业大国，2019 年全国水产品总产量超 6 480 万 t（农业农村部渔业渔政管理局等，2020）。

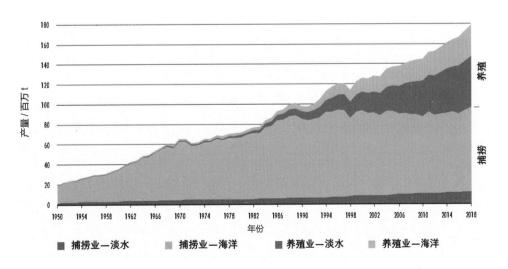

图 4-5　全球捕捞业与养殖业水产品产量变化趋势

资料来源：FAO（2020b）。

　　渔业生产不仅为人类提供了充足的食物来源，也保障了人体饮食的营养均衡。水产品中含有高效的蛋白质，如 150g 的鱼类可提供一个成年人每日蛋白质需求量的 50% ~ 60%；海鲜产品还富含必要的营养物质，包括欧米伽 3 脂肪酸、碘、维生素 D 和钙等（Widjaja et al.，2019）。目前，水产品提供了全球人口所需动物蛋白质摄入量的 17%，为超过 33 亿人提供了 20% 的人均动物蛋白质摄入量，在某些国家甚至高达 50%（FAO，2020b）。中国水产品消费量呈增加趋势，2019 年人均消费 46.45 kg（农业农村部渔业渔政管理局等，2020）。

　　海洋渔业生产是全球水产品供给的重要组成部分。现在，全球水产品中大部分来自海洋，其中海洋捕捞业占全部野生捕捞产量的近 90%，海水养殖业约占全部水产养殖产量的 1/3（FAO，2018b）。在中国，海洋渔业产量约占水产品总产量的一半，2019 年海洋渔业产量达 3 283.5 万 t，其中海洋捕捞和海水养殖分别占 1/3 和 2/3（农业农村部渔业渔政管理局等，2020）。预计到 2050 年，全球人口所需蛋白质将接近 5 亿 t，而通过开展可持续的海洋渔业生产活动，包括加强现有捕捞业管理、合理开发未利用或未充分利用的野生渔业资源以及发展绿色海水养殖业，海洋有着满足未来大部分食物需求的潜力，将在实现全球食物安全中起到重要作用（Costello et al.，2019）。

　　（1）海洋捕捞业和食物生产

　　就海洋捕捞业而言，目前世界上一半以上的海洋面积被用于商业捕捞，是陆地农业面积的四倍（Kroodsma et al.，2018）。然而，过去 30 年来其产量一直停滞在 8 000 万 t 左右，趋近海洋野生捕捞上限（Costello et al.，2019）。如果继续当前的捕捞强度，将导致渔业资源枯竭，全球海洋捕捞业的年产量将会下降到 6 700 万 t；如果能够有效管理，其年产量则可超过 9 800 万 t，带来 20% 的额外食物来源，且未来产量还有 40% 的增长潜力（Agnew et al.，2009；Costello et al.，2016）。同时，因为海洋捕捞业与水产养殖业的产量息息相关，是养殖所需饵料的主要来源，所以海洋捕捞业产量的提高还能促进水产养殖业产量的进一步增长（Pikitch et al.，2012；Costello et al.，2019）。

　　（2）海水养殖业和食物生产

　　水产养殖业在过去 50 年来已成为全球增长最快的食物生产方式，2001—2018 年水产养殖业产量年均增长 5.3%（Durate et al.，2009；FAO，2020b）。随着淡水资源日益紧张，淡水养殖面临挑战，海水养殖对水产品稳定供给日益重要，具有巨大的增长潜力。全球适宜鱼类和贝类养殖的海洋面积分别达 1 140 万 km^2 和 150 万 km^2，前者每年可生产约 150 亿 t 的有鳍鱼类，相当于当前全球海鲜消费量的 100 倍以上（Gentry et al.，2017）。研究认为，海洋低营养层物种的养殖是最高效、最具潜力的食物来源，例如大型藻类和滤食性生物（Duarte et al.，2009）。此外，相较于其他动物蛋白生产方式，海水养殖的环境足迹更小，体现在减少了淡水用量、温室气体排放和土地资源使用以及避免野生捕捞带来的兼捕等生态风险方面（Hall et al.，2011；O'Shea et al.，2019）。

4.3.2　海洋渔业面临的挑战

当前的海洋渔业活动在一定程度上都造成了海洋环境、生态系统和野生种群的退化。这些生态环境的破坏都会反过来限制海洋渔业的可持续生产与发展。

（1）海洋捕捞业面临的挑战

海洋野生渔业资源的健康决定着其是否能够长期持续地提供最大化的产量，过度地捕捞野生种群会破坏其生产的可持续性（Costello et al.，2019）。目前，世界上 1/3 以上的海洋捕捞业存在过度捕捞的问题，是实现可持续食物系统的一大障碍（FAO，2020b）。同时全球仍有约一半的海洋渔业资源没有经过系统评估，难以判断其最大持续产量，无法实施科学而有针对性的管理措施（Costello et al.，2019）。此外，水产养殖业严重依赖来自捕捞业的鱼粉和鱼油以维持生产，所以水产养殖业的迅速发展也增加了对捕捞衍生产品的需求，进一步增加了海洋捕捞压力（Cao et al.，2015）。

非法、不报告和不管制（IUU）捕捞也进一步影响着海洋捕捞业的可持续发展，有时甚至会造成海洋渔业资源的崩溃。IUU 捕捞活动还会直接破坏作业海域的生态环境，如对海鸟、鲨鱼、海龟等非目标物种的兼捕，抛弃不想要的渔获物（如个头太小的）或使用禁用的捕捞方法（如炸鱼）等（Agnew et al.，2009）。据估计，IUU 捕捞而来的渔获量约占全球海洋捕捞业总产量的 20%，达每年 1 100 万 ~ 2 600 万 t（Agnew et al.，2009；Cabral et al.，2018）。IUU 捕捞中未经报告的渔获量数据还会掩盖真实的渔业资源下降的幅度，使得实际的退化情况远远超过 FAO 目前认为的达平稳上限（Pauly et al.，2016）。此外，发展中国家的沿海地区往往是 IUU

捕捞活动的主要目标海域，而这里的居民又极度依赖海洋捕捞作为经济收入和获取蛋白质来源的手段，未经管控的 IUU 捕捞会对当地的食物安全和经济发展造成危害（Agnew et al., 2009）。

（2）海水养殖业面临的挑战

粗放的海水养殖方式也会对近海生态环境造成一定程度的负面影响，从而影响海水养殖生产的海鲜产品质量，造成食品安全问题。这些负面影响主要包括（O'Shea et al., 2019）如下几方面。

栖息地退化：选址和管理不当的养殖设施会导致栖息地退化。例如，某些近海网箱养鱼、围塘养虾等传统养殖方式会对珊瑚礁、红树林等海岸带生态系统造成破坏；贝类和藻类养殖（以下统称"贝藻养殖"）也可能危害水生植被。

水体污染：当养殖物种的排泄物和多余的饲料被排放到周围水体时，可能会造成周围水体水质污染，即富营养化问题。

对野生种群造成负面影响：例如养殖物种逃逸后与野生生物竞争饵料；如果逃逸生物具有繁殖能力，还可能影响野生种群的遗传多样性。

过度捕捞压力：许多养殖饲料配方中含野生鱼粉和鱼油，加大了对野生饵料鱼资源的市场需求。

病害传播：养殖设施可能成为病原体的传播媒介，影响野生种群。

4.3.3　NbS 提升海洋渔业可持续

为了解决海洋渔业生产对生态环境的影响，并避免因此而被迫减少渔业产量，可以采用两方面的基于自然的解决方案帮助解决渔业生产可持续的问题。一方面，基于生态系统的可持续渔业管理，通过政策治理、监督检查等方式减少渔业活动对生态环境的直接破坏。在海洋捕捞管理中，根据渔业目标物种的生态需求、种群数量进行针对性管理，避免过度捕捞和减少未经管制的捕捞行为；在海水养殖管理中，减少污染物排放以及对野生种群和生态系统造成的危害，在有条件的情况下通过养殖设施为周围环境带来正向效益。

另一方面，基于生态系统溢出效益的渔业资源养护与修复。通过保护渔业目标物种的关键栖息地、育幼场所等，维持其种群数量；通过修复海岸带关键生态系统，例如红树林、盐沼湿地、海草床、珊瑚礁和贝类礁体等，使其为渔业目标物种提供栖息地以增加其种群数量，从而提高渔业产量。

4.3.3.1　针对海洋捕捞业的 NbS

加强海洋渔业捕捞管理是减轻捕捞压力、打击 IUU 捕捞，以维持海洋渔业资源可持续的重要方式。基于自然的管理措施应根据渔业目标物种的野生种群数量、繁殖周期、分布范围、习性等，制定针对性的规定和要求，相关的具体手段可能包括（Costello et al., 2019）以下 6 种。

捕捞许可：通过限制捕捞人数减轻捕捞压力、加强监管。

渔具管理：通过规定渔具数量、规格等，在关键生命周期阶段为产卵雌鱼和幼鱼提供额外保护，确保繁殖个体不被捕捞（如规定网目尺寸）、保护生态系统（如禁止炸鱼）和减少兼捕（保护其他关键物种，如鲨鱼）。

限额捕捞：通过限定可捕捞的总量，确保自然种群数量能够恢复且维持最大再生能力（即最大持续产量）。

禁渔期：通过在一定时期内暂时禁止捕捞活动，在渔业目标物种脆弱或关键的生命周期阶段提供额外保护，留出允许种群恢复的时间。

海洋保护区和种质资源保护区：通过设立禁捕区域，恢复受过度捕捞影响的种群或保护和修复关键生态系统，且可通过其带来的资源溢出效应增加周边渔业产量。

区域性渔业管理组织：通过国际政府间机构协调合作管理特定区域内的渔业资源，尤其是针对大洋性洄游鱼类物种，如金枪鱼等。

（1）国际政策治理

基于生态系统的可持续海洋捕捞管理措施，需要考虑到由于海洋的连通性，许多渔业目标物种的分布不会受边界局限的这一特性，应统筹管理该野生种群所覆盖的所有海域中的捕捞行为。同时，渔业活动通常涉及多个国家，全球性和区域性的海洋治理和国际合作对确保海洋可持续捕捞至关重要。国家、区域和全球层面的政策治理是解决过度捕捞和 IUU 捕捞的重要途径，通过制定和实施强有力的渔业立法框架，促进规范和监督捕捞行为以确保其负责任地开展捕捞活动。为此全球或区域层面达成了相关的国际协定和管理办法，例如《联合国海洋法公约》、亚太经济合作组织于 2019 年通过的《打击 IUU 捕捞路径图》以及相关区域性渔业管理组织等（Widjaja et al., 2019）。

其中，2016 年正式生效的 FAO《关于预防、制止和消除 IUU 捕捞的港口国措施协定》（Port State Measures Agreement, PSMA）是专门针对 IUU 捕捞的首个具有约束力的国际协定，目前已有包括欧盟在内的 68 个缔约方批准、接受、核准或加入了该协定[1]。该协定为申请进入港口的渔船制定了标准，并通过检查等手段，阻止从事 IUU 捕捞活动的船只使用港口服务和卸货，以防止 IUU 捕捞所得渔获物进入市场；同时增加了 IUU 捕捞的作业成本，降低其继续从事相关活动的动机（FAO，2016）。根据《中国远洋渔业履约白皮书（2020）》，我国渔业渔政部门也将推动批准 PSMA 列为深化渔业国际合作的工作要点之一，并为此付诸行动，在完善相关法律框架的同时加强我国港口管理（中华人民共和国农业农村部，2020）。

此外，尽管负责任的渔业管理原则已被纳入国际海洋和渔业文书，但并非所有批准国都能够有效实施其规定内容。为扭转这一趋势，TNC 致力于为关键地区加强渔业政策提供技术支持，以实现透明可追溯的海鲜产品捕捞和贸易。例如，近年来 TNC 与合作伙伴一起，协助欧盟打击 IUU 捕捞政策的实施，就欧盟红、黄牌监管制度的有效性和影响力进行了研究，该机制为如韩国、菲律宾在内的非欧盟国家的渔业治理带来显著改善[2]。

（2）科技创新

在实施基于生态系统的海洋捕捞管理措施时，需要收集捕捞作业相关的高质量数据，以根据野生种群情况科学地制定渔业管理方案和监督检查捕捞作业过程的合规性。这项工作可以依靠一系列不同的手段和工具完成，如捕捞日志、船上观察员、港口检查和海上巡逻等，但通常使用频率和覆盖率低，易受误报和偏见影响，且成本较高并会带来人员安全风险（Michelin et al., 2018）。幸运的是，蓬勃发展的电子科学技术可以助力可持续渔业捕捞管理，让渔民采用电子手段进行监测和报告，更为简洁高效地填补信息空缺（Michelin et al., 2018；TNC，2018b）。

电子报告（Electronic Reporting, ER）：传统上渔民需要用纸质记录捕捞作业相关数据，再由专人录入电脑系统以供科学家和管理部门跟踪捕捞活动；而 ER

1　http://www.fao.org/port-state-measures/zh/.
2　http://www.iuuwatch.eu/map-of-eu-carding-decisions/.

可以让渔民在电脑端或手机端 App 中，直接且实时地与渔业管理部门等相关方共享捕捞作业相关数据。

电子监测（Electronic Monitoring）：包括由相机、渔具传感器、视频存储和全球定位系统（GPS）组成的综合船载系统，可以捕捉并记录渔业活动的视频，并关联到相应的渔具活动和位置信息，用于收集渔获量、捕捞方式、兼捕和抛弃渔获物情况、地理位置、环境要素（如温度）和日期时间等数据，可替代或协助补充船上观察员等其他形式的信息收集方式。

基于电子手段的渔业信息收集和管理更易大规模使用，数据可靠性更高（例如对比自主捕捞日志），更便于纳入精细化适应性渔业管理中，还可以在商业捕捞公司申请生态水产品的认证过程中提供数据支撑。目前，在中西太平洋海域的金枪鱼延绳钓（一种捕捞方式）船只中，一些公司在没有监管压力的情况下，自愿在其捕捞船上安装了电子监测系统。此外，利用如 Wi-Fi、卫星等方式直接传输获取的数据，可以做到电子监测和报告一体化，实现近乎实时的渔业信息共享（Michelin et al., 2018）。

人工智能（AI）技术的科技创新也能够更进一步地处理相关数据。以电子监测为例，其视频记录通常存储在硬盘上，在靠岸后需要交由人工审核并分析全部录像，非常耗时耗力。应用 AI 技术，可以自动分析视频中的渔获物，从而大大降低人工成本。最近，在软件行业的支持下，TNC 开发出一款适用于金枪鱼延绳钓的鱼类物种自动识别 App，用于识别渔获物中的金枪鱼物种、数量以及其他如鲨鱼等鱼类的兼捕情况。该软件在渔获物计数方面准确度高达 100%，物种分类准确度也达到 75%（Michelin et al., 2018）。

在电子报告阶段，尤其是在鉴别即将流入市场的渔获物时，AI 技术也能够起到重要作用。例如 TNC 为印度尼西亚近海小型渔业开发的一款"鱼脸识别系统"（FishFace）手机 App，就可以通过手机端让渔民轻松识别其渔获物物种，避免产生错误标识的问题。

4.3.3.2 针对海水养殖业的 NbS

将基于自然的理念融入海水养殖的生产实践、管控政策乃至投资决策（如选点、养殖品种和方法选择等）中是确保海水养殖能够可持续地提供水产品的关键，在综合权衡如何有效利用海洋空间和资源的同时，避免扰乱自然生态系统，从而最小化负面环境影响。合理的养殖设施选址最有潜力大幅度减少海水养殖的负面影响，其也是决定养殖设施盈利能力的关键，可为海水养殖的可持续发展奠定基础。此外，还应推广如陆基式循环水养殖系统、深水网箱养殖系统等低环境影响养殖系统或方法的升级与使用，以逐渐替代传统近海网箱等不可持续的养殖系统或方法，并辅以激励措施以引导资本投向这类养殖方式（O'Shea et al., 2019；Dong et al., 2020）。另外，可持续配方饲料、养殖良种选育等配套技术成果的投入使用也是实现可持续海水养殖必不可少的一环。

在基于生态系统的海水养殖实践中，如果针对特定的养殖目标物种管理得当，这些海水养殖作业不仅可以避免上述环境问题，还能够额外为生态环境带来正向效益。越来越多的研究显示，被良好管理的海水养殖系统（特别是贝藻养殖）具有发挥多重生态效益的潜力，除提供食物和生计外，还能提高水体清澈度、移除水中营养物并为其他水生生物提供栖息地以及减缓气候变化（Alleway et al., 2019；Gentry et al., 2019）。

TNC 将这种能够为周围环境提供正向效益的商业性贝藻养殖定义为修复性水产养殖。贝类和藻类作为"天然的水体过滤系统"，其养殖方式不仅零投饵，而且在养殖过程中通过自身的生长代谢，可以移除水体中的悬浮颗粒物和营养物，从而改善水质，是解决海水富营养化潜在的途径（图 4-6）。以牡蛎为例，一个美洲牡蛎（*Crassostrea virginica*）每小时可过滤高达约 11 L 海水（Cerco et al., 2007）。以美国切萨皮克湾为例，每年每 10 万个养殖美洲牡蛎能够移除 2.7 kg 的氮、磷营养物（Kellogg et al., 2018）。

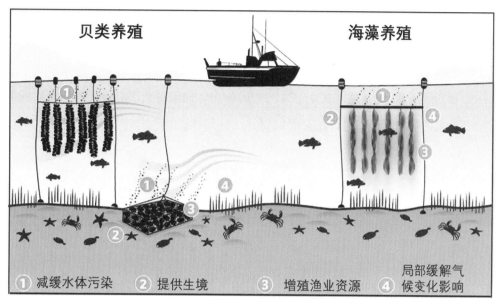

图 4-6　海水贝类和藻类养殖的生态效益

资料来源：O'Shea et al.（2019）。

全球许多沿海社区都具有开展基于贝类和藻类的修复性水产养殖条件，从中可获得巨大的社会经济效益和生态效益（FAO，2020b）。2019 年，TNC 与合作伙伴通过"修复性水产养殖潜力指数"（Restorative Aquaculture Opportunity Index，RAOI）量化模型，识别出全球范围内能够显著受益于贝藻养殖带来的生态系统服务功能的海洋生态区，其中，贝类修复性水产养殖潜力高的海洋生态区集中在大洋洲、北美洲和亚洲部分地区；而藻类修复性水产养殖潜力高的海洋生态区分布在欧洲、亚洲、大洋洲和美洲。值得注意的是，不管是基于贝类还是藻类的修复性水产养殖，中国东海均被识别为高潜力区域（Theuerkauf et al., 2019）。

尽管修复性水产养殖的多重效益已经被证实，但是具体在何处、如何合理且最优化的进行贝藻养殖等实践性的问题，仍需开展更深入的研究，特别是基于实地养殖实践的长期监测和研究。目前 TNC 在全球多个国家和地区，如美国、印度尼西亚、伯利兹等地，与多方合作伙伴通过开展海水养殖科研、养殖方法改进、养殖设施设计创新等工作，旨在量化评估贝藻养殖的生态系统服务功能和识别修复性贝藻养殖设施的最佳选点条件和养殖方法，为该理念在养殖生产与管理中的实际应用做指导。

　　我国作为世界上贝藻养殖大国，多数沿海地区都分布着一定规模的牡蛎和海藻养殖区。据统计，我国牡蛎和海藻类养殖面积共高达近 1 400 km^2（农业农村部渔业渔政管理局等，2020），其产量分别约占全球牡蛎和海藻类养殖总产量的86% 和 58%（Botta et al., 2020；FAO，2020b）。如果对我国贝藻养殖管理实践的环境影响进行研究评估并作出必要的提升，贝藻养殖的生态效益将不容小觑。

案例

10

伯利兹修复性海藻养殖实践

位于中美洲加勒比海西北部的伯利兹，有着丰富的珊瑚礁生态系统和生物多样性。海洋捕捞长期以来一直是伯利兹文化的一部分，为沿海社区提供了重要的食物和生计来源。然而，与许多沿海国家一样，受过度捕捞和破坏性捕捞活动的影响，伯利兹的野生渔业资源一直在退化，渔民的渔获物也越来越少。此外，不可持续的海岸带开发和气候变化对当地海洋生物多样性造成的负面影响，也给当地海洋捕捞业造成了不容忽视的压力。因此，如何保护当地的海洋生物多样性并保障沿海社区的生计来源变得尤为重要。

发展海藻养殖为此提供了解决方案。海藻常被养殖用于食用或生产化妆品和卡拉胶。在伯利兹本地市场乃至全球都有着较高且不断增长的需求，预计全球需求量年增长约为 10%，这为海藻养殖户提供了可观的经济增长潜力 [1]。作为伯利兹传统文化的一部分，沿海居民常采集自然生长的海藻，来烹饪食物和制作海藻沙冰，然而曾经丰富的天然海藻资源，也处于被过度采集的状态 [2]。早年已有多家机构资助伯利兹发展海藻（*Euchemia isiforme*）养殖（Carabantes，2020），特别是 2010—2014 年，全球环境基金（GEF）与联合国基金会的联合项目（Community Management of Protected Areas for Conservation, COMPACT）资助了支持伯利兹珀拉什奇亚（Placencia）的渔民和旅游向导养殖海藻来补充或替代生计，以减少海洋野生捕捞对当地珊瑚礁生态系统造成的压力；在 COMPACT 项目基础上，TNC 支持当地开发海藻养殖培训课程（2017 年 1 月发布），并为多个沿海社区提供培训（Chen et al., 2016；TNC，2018a）。

1　https://thefishsite.com/articles/belize-seaweed-the-next-big-thing-for-fisheries.
2　https://www.regenerativetravel.com/impact/growing-belize-gold-seaweed-farming-as-the-future-of-marine-conservation/.

令人惊喜的是，海藻养殖为当地沿海社区带来的效益远不止于提供生计，它本身也发挥着多重生态系统服务功能，除了吸收 CO_2 并增加水体溶解氧、减少水体中的氮磷营养物（Mongin et al., 2016；Alleway et al., 2019），TNC 伯利兹海洋项目在支持当地养殖海藻的工作期间，偶然在海藻养殖场发现了一个长约 5cm 的幼年棘龙虾（Panulirus argus），这激发 COMPACT 项目在试点养殖场开展了海藻养殖场的栖息地效益研究。一年的监测研究发现，当地的海藻养殖场栖息着多达 34 种鱼类和 28 种无脊椎动物，其中包括具有重要商业和生态价值的物种，如棘龙虾（Panulirus argus）、皇后海螺（Strombus gigas）、鹦嘴鱼和鲷鱼[1]。

修复性海藻养殖不仅为沿海社区提供了食物，创造了新的就业机会，还能支持海洋生态体系统的修复。在过去的五年间，TNC 与政府、科研机构、社区等多方合作伙伴，不仅开展了海藻养殖场的生态效益研究，在规范养殖方法、创建金融机制、制定管控政策以及对接商业市场上也开展了工作，以促进伯利兹海藻养殖业可持续的规模化增长。相关工作包括开发海藻养殖最佳管理实践指南（Best Management Practices, BMPs）以及海藻智慧选址方法（Seaweed Smart-Siting methodology），指导养殖户在最佳位置、采用可持续的养殖方式开展海藻养殖，以发挥社会、经济和生态多重效益；建立海藻种子库（Seed banks）以支持海藻养殖规模化发展（ResCA, 2019）；支持建立伯利兹妇女海藻养殖户协会，为有兴趣从事海藻养殖的女性提供公平的就业发展机会；同时正在建立金融机制，为想要从事海藻养殖的贫困养殖户提供低息贷款，这些贷款将与 BMPs 中的保护标准联系起来，只有遵循 BMPs 的养殖户，才能获得贷款和相关技术支持。

伯利兹的海藻养殖实践展示了如何利用海藻养殖及其生态系统服务功能来应对沿海社区发展与海洋生态面临的双重挑战，在保障社区生计、增加就业机会、恢复野生渔业资源以及修复海洋生物多样性上为伯利兹提供了机遇。

4.4　结语与建议

联合国粮食及农业组织（Food and Agriculture Organization of the United Nations, FAO）曾发出警告，新冠肺炎疫情在全球蔓延致使劳动力短缺和供应链中断，可能影响一些国家和地区的食物安全。全球食物供应秩序面临严峻挑战，疫情显

---

[1]　https://www.resilientcentralamerica.org/.

现了全球食物体系的脆弱性。人、食物和自然之间的关系变得更加重要。未来是否有足够的食物，很大程度上取决于种植、养殖和获取食物的地点和方式。

再生食物系统使用的生产技术不仅能避免自然退化，而且能积极地修复自然，同时还能维持或增加食物产量。以上章节展示的再生食物系统的生产技术实践，如少耕或免耕种植、使用覆盖作物、改善放牧、修复性水产养殖和基于生态系统的捕捞管理等。在全球食物经济中加速采用再生生产措施是修复自然的最具成本效益的机会。除此之外，还可以通过改变市场激励机制，推动更多采用再生食物系统的生产实践。

（1）鼓励政府对补贴进行改革

改革围绕食品的财政政策。在全球范围内，各国政府每年在种植业、林业和渔业等使自然退化的补贴上的支出高达 5 000 亿美元，是保护或修复自然支出的两倍多。未来，这些补贴将从只注重生产和产出的做法中转移至再生措施，同时维持或增加产量，例如支持种植者转向修复土壤和水健康的再生做法。这一转变不仅对食物生产的长期安全至关重要，而且还有助于应对气候变化和生物多样性丧失。

（2）承认和支持小农户、乡村社区和本地人民

全世界有超过 5.7 亿个农场，其中大多数都是家庭经营的小型农场，管理着世界上 75% 的农业用地；而全球传统小型渔业的渔民人数占海洋渔业总就业人口数量的 90%（FAO，2020）。同时这些土地和海域在维护生物多样性和减缓气候变化方面也发挥着重要作用。因此鼓励小农户和渔民采用再生农业措施至关重要。但是，这些小农户和渔民往往没有资金或专业知识来自行转向再生实践。因此政府、企业和像 TNC 一样的非政府组织可以发挥至关重要的作用，帮助数以百万计的食物生产商采用再生实践。从长远来看，这将改善地球的健康状况及上述主体的生产运营状况。

综上所述，再生食物系统是人类的最佳选择，不仅是为了保护自然，也是为了确保人类的生存和繁荣。通过共同努力，就可以把今天对自然的最大威胁转化为最大的机遇——一个为社区、经济和地球创造积极增长的食物系统。

参考文献

Agnew D, Pearce J, Ganapathiraju P, et al., 2009. Estimating the worldwide extent of illegal fishing[J]. Public Library of Science One, 4 (2): e4570.

Alleway H K, Gillies C L, Bishop M J, et al., 2019. The ecosystem services of marine aquaculture: valuing benefits to people and nature[J]. BioScience, 69 (1): 59-68.

Anderson J L, Asche F, Garlock T, et al., 2017. Aquaculture: its role in the future of food[J]. World Agricultural Resources and Food Security, 17:159-173.

Botta R, Asche F, Borsum J S, et al., 2020. A review of global oyster aquaculture production and consumption[J]. Marine Policy, 117: 103952.

Cabral R B, Mayorga J, Clemence M, et al., 2018. Rapid and lasting gains from solving illegal fishing[J]. Nature Ecology and Evolution, 2 (4): 650-58.

Cao L, Naylor R, Henriksson P, et al., 2015. Global food supply. China's aquaculture and the world's wild fisheries[J]. Science, 347:133-135.

Carabantes E J O, 2020. Using a system thinking approach and health risk assessment to analyze the food-energy-water system nexus of seaweed farming in Belize[D]. University of South Florida.

Carlson S, Stockwell R, 2013. Research priorities for advancing adoption of cover crops in agriculture-intensive regions[J]. Journal of Agriculture, Food Systems, and Community Development, 3(4):125-129.

Cerco C F, Noel M R, 2007. Can oyster restoration reverse cultural eutrophication in Chesapeake Bay? [J]. Estuaries and Coasts, 30(2): 331-343.

Chen S, Akhtar T, Currea A M, 2016. Scaling up community actions for international waters management: experiences from the GEF small grants programmes[R]. New York: United Nations Development Programme.

Costello C, Cao L, Gelcich S, et al., 2019. The future of food from the sea[R]. Washington, DC: World Resources Institute.

Costello C, Ovando D, Clavelle T, et al., 2016. Global fishery prospects under contrasting management regimes[J]. Proceedings of the National Academy of Sciences, 113

(18): 5125-29.

Derpsch R, Friedrich T, Kassam A, et al., 2010. Current status of adoption of no-till farming in the world and some of its main benefits[J]. International Journal of Agricultural and Biological Engineering, 3(1): 1-25.

Dong S, Dong Y W, Verreth J, et al., 2020. Holistically assessing and improving the sustainability of aquaculture development in China[R].

Duarte C M, Holmer M, Olsen Y, et al., 2009. Will the oceans help feed humanity?[J]. BioScience, 59 (11): 967-976.

FAO and INFOODS, 2013. Food composition database for biodiversity version 2.1-BioFoodComp 2.1.[R]. Food and Agriculture Organization of the United Nations, Rome.

FAO and ITPS, 2015.Status of the world's soil resources (SWSR) - main report[R]. Food and Agriculture Organization of the United Nations and Intergovernmental Technical Panel on Soils, Rome.

FAO, 2001. Food insecurity in the World[R]. Rome: Food and Agriculture Organization of the United Nations.

FAO, 2008. An international technical workshop investing in sustainable crop intensification: The case for improving soil health[R]. Rome: Food and Agriculture Organization of the United Nations.

FAO, 2010a. Challenges and opportunities for carbon sequestration in grassland systems[R]. Rome: Food and Agriculture Organization of the United Nations.

FAO, 2010b. A technical report on grassland management and climate change mitigation, integrated crop management[R]. Rome: Food and Agriculture Organization of the United Nations.

FAO, 2016. Agreement on port state measures to prevent, deter and eliminate illegal, unreported and unregulated Fishing[R]. Rome: Food and Agriculture Organization of the United Nations.

FAO, 2017. Livestock solutions for climate change[R]. Rome: Food and Agriculture Organization of the United Nations.

FAO, 2018a. The future of food and agriculture: alternative pathways to 2050[R].Rome: Food and Agriculture Organization of the United Nations.

FAO, 2018b. The state of world fisheries and aquaculture. Sustainability in action[R]. Rome: Food and Agriculture Organization of the United Nations.

FAO, 2020a. COVID-19 global economic recession: avoiding hunger must be at the centre of the economic stimulus[R]. Rome: Food and Agriculture Organization of the United Nations.

FAO, 2020b. The state of world fisheries and aquaculture 2020: Sustainability in action[R]. Rome: Food and Agriculture Organization of the United Nations.

FAO, IFAD, UNICEF, et al., 2017. The state of food security and nutrition in the world 2017:Building resilience for peace and food security[R]. Rome: Food and Agriculture Organization of the United Nations.

FAO, IFAD, UNICEF, et al., 2018. The state of food security and nutrition in the world 2018:Building climate resilience for food security and nutrition[R]. Rome: Food and Agriculture Organization of the United Nations.

FAO, IFAD, UNICEF, et al., 2020. The state of food security and nutrition in the world 2020:Transforming food systems for affordable healthy diets[R]. Rome: Food and Agriculture Organization of the United Nations.

Gentry R R, Alleway H K, Bishop M J. et al., 2019. Exploring the potential for marine aquaculture to contribute to ecosystem services[J]. Reviews in Aquaculture, 12 (2): 499-512.

Gentry R R, Froehlich H E, Grimm D, et al., 2017. Mapping the global potential for marine aquaculture[J]. Nature Ecology & Evolution, 1(9), 1317-1324.

Hall S J, Delaporte A, Phillips M J, et al., 2011. Blue frontiers: managing the environmental costs of aquaculture[R]. Penang, Malaysia: The World Fish Center.

IPBES, 2018. The IPBES assessment report on land degradation and restoration[R]. Bonn: Montanarella L, Scholes R, Brainich A.(eds.). Secretariat of the Intergovernmental Science-Policy Platform on Biodiversity and Ecosystem Services.

IPCC, 2019. Food security. In: climate change and land: an IPCC special report on climate change, desertification, land degradation, sustainable land management, food security, and greenhouse gas fluxes in terrestrial ecosystems[R].

IUCN, 2007. Patoralist's species and ecosystems knowledge as the basis for land management[J]. WISP Policy Brief,5:1-4.

Kellogg M L, Turner J, Dreyer J, et al., 2018. Environmental and ecological benefits and impacts of oyster aquaculture Chesapeake Bay, Virginia, USA[R]. William & Mary: Virginia Institute of Marine Science.

Kroodsma D A, Mayorga J, Hchberg T, et al., 2018. Tracking the global footprint of fisheries[J]. Science, 359: 904-908.

Michelin M, Elliott M, Bucher M, et al., 2018. Catalyzing the growth of electronic monitoring in fisheries building greater transparency and accountability at sea opportunities, barriers, and recommendations for scaling the technology[R]. California Environmental Associates and The Nature Conservancy.

Mohler C L, 2009. Crop rotation on organic farms: a planning manual[R]. Natural Resource, Agriculture, and Engineering Service, New York.

Mongin M, Baird M E, Hadley S, et al., 2016. Optimising reef-scale CO_2 removal by seaweed to buffer ocean acidification[J]. Environmental Research Letters, 11(3), 034023.

O'Shea T, Jones R, Markham A, et al., 2019. Towards a blue revolution: catalyzing private investment in dustainable aquaculture production systems[R]. Virginia: The Nature Conservancy and Encourage Capital. Arlington.

Olson D. M., Dinerstein E.,2002. The global 200: priority ecoregions for global conservation[J]. Annals of the Missouri Botanical Garden,89(2):199-224.

Pauly D, Zeller D, 2016. Catch reconstructions reveal that global marine fisheries catches are higher than reported and declining[J]. Nature Communications 7, 10244.

Pikitch E, Boersma P D, Conover D O, et al., 2012. Little fish, big impact: managing a crucial link in ocean food webs[R]. Washington, DC: Lenfest Ocean Program.

ResCA, 2019. Fifth semi-annual progress report：October 2018-March 2019[R].

Theuerkauf S J, Morris Jr J A, Waters T J, et al., 2019. A global spatial analysis reveals where marine aquaculture can benefit nature and people[J]. Public Library of Science One, 14 (10): e0222282.

TNC, 2009. 投资自然 [M]. 北京 : 中国环境科学出版社 .

TNC, 2016. reThink Soil: A roadmap for U.S. soil health[R]. Arlington, Virginia: The Nature Conservancy.

TNC, 2018a. Belize sustainable seaweed: final report prepared for anthropocene institute：January 1st, 2017-December 31st, 2017[R]. Arlington, Virginia: The Nature Conservancy.

TNC, 2018b. Electronic monitoring program toolkit: A guide for designing and implementing electronic monitoring programs[R]. The Nature Conservancy, Arlington, Virginia.

Widjaja S, Long T, Wirajuda H, et al., 2019. Illegal, unreported and unregulated fishing and associated drivers[R]. Washington, DC: World Resources Institute.

WRI, 2000. Pilot analysis of global ecosystems: grassland ecosystems[R]. Washington DC: World Resources Institute.

陈印军，易小燕，陈金强，等，2016. 藏粮于地战略与路径选择 [J]. 中国农业资源与区划，37(12):8-14.

程锋，王洪波，郧文聚，2014. 中国耕地质量等级调查与评定 [J]. 中国土地科学，28(2):75-82, 97.

董世魁，2020. 退化草地：长期跟踪评估才能深入认识生态修复作用 [N]. 中国绿色时报，9(30).

付国臣，杨韫，宋振宏，2009. 我国草地现状及其退化的主要原因 [J]. 内蒙古环境科学，21(04):32-35.

刘友兆，马欣，徐茂，2003. 耕地质量预警 [J]. 中国土地科学，(6):9-12.

农业农村部渔业渔政管理局，全国水产技术推广总站，中国水产学会，2020. 中国渔业统计年鉴 [M]. 北京 : 中国农业出版社 .

任继周，2008. 草业大辞典 [M]. 北京：中国农业出版社 .

沈海花，朱言坤，赵霞，等，2016. 中国草地资源的现状分析 [J]. 科学通报，
　　61(2):139-154

孙鸿烈，郑度，姚檀栋，等，2012. 青藏高原国家生态安全屏障保护与建设 [J]. 地
　　理学报，67(1): 3-12

叶思菁，2020. 耕地质量保护策略应多元化 [N]. 中国自然资源报，10(23):003.

张建华，庞良玉，2003. 我国草业现状与发展前景 [J]. 西南农业学报，(S1):72-76.

中华人民共和国农业农村部，2020. 中国远洋渔业履约白皮书 [R]. 北京：中华人民
　　共和国农业农村部 .

朱信凯，2014. 吃饭问题的根本在于食物安全 [J]. 农村工作通讯，2014(10):29-35.

附表　方法和工具清单

方法	工具/报告	简介	链接
农牧业可持续管理	"4R＋"原则的土壤保护 4R Plus	"4R+"包括使用精确的 4R 养分管理和保护性农业措施在提升土壤健康、改善水质的同时，提升作物产量。4R 养分管理原则是指在正确的时间、正确的地点，施用正确的肥料及正确的施用量	https://4rplus.org/
	土壤健康的重新思考报告 reThink Soil Health Report	该报告指出，采用覆盖作物、免耕、轮作等可持续农业措施，可以在提升土壤健康的同时增加农业产量，为农民创造更多利润，并减少对环境的负面影响。该报告被 GreenBiz 列为 2016 年有重大影响的七份报告之一	https://www.nature.org/en-us/what-we-do/our-insights/perspectives/rethinkin g-soil-reinvesting-in-our-foundations/
	大豆和牛肉毁林足迹在线评估工具 Agroideal	Agroideal 是一个免费的在线工具，可帮助用户进行大豆和牛肉行业投资社会环境风险的评估和决策。用户可使用该系统评估潜在的毁林风险，寻找具有较高经济效益和生产力、且对社会—环境的影响较低的地区	https://www.agroideal.org/en/

方法	工具/报告	简介	链接
渔业可持续管理	渔业解决方案：非渔业从业人员的渔业管理指南 Fishing for Solutions: A Fisheries Management Guidebook for Non-Fisheries Managers	该指南帮助环境管理工作者全面了解渔业管理的各类要素，从而改善对海洋资源的管理。指南深入探讨渔业管理如何助力海洋保护，以及如何将渔业管理融入海洋保护策略，并为统筹海洋保护和渔业管理的具体问题提供了建议	https://www.conservationgateway.org/ConservationPractices/Marine/SustainableFisheries/resources/Documents/Starno.TNC.FisheriesGuidebook.V05.pdf
	野生海鲜供应链手册 Making Sense of Wild Seafood Supply Chains	野生海鲜供应链手册帮助环保从业人员和手工渔业管理人员全面了解海鲜供应链结构，以及如何利用供应链的力量来推动可持续渔业管理	http://www.reefresilience.org/wp-content/uploads/Making-Sense-of-Wild-Seafood-Supply-Chains.pdf
更多报告的延伸阅读：https://www.nature.org/en-us/what-we-do/our-insights/agriculture/; https://www.nature.org/en-us/what-we-do/our-insights/soil-solutions/; https://www.nature.org/en-us/what-we-do/our-insights/fisheries/			

5

基于自然的
解决方案
应对水资源危机

—

Nature-based Solutions
Tackling Water Crisis

　　水资源是人类社会可持续发展的核心之一，对人类生存、社会经济发展和生态系统健康至关重要。水资源也是适应气候变化的核心之一，是气候系统、人类社会与环境之间的重要纽带。水作为一种有限而脆弱的资源，如若管理不当，可能会加剧不同地区、行业、群体之间对水资源的竞争，引发水资源危机。

　　世界水资源管理正面临严峻挑战。随着人口增长、城市化和工业化进程的加快，全球对水资源的需求正在以每年 1% 的速度增长（WWAP，2015）。与此同时，不可持续的发展方式造成的地下水过度开采和水污染，导致可用水量急剧减少，预计到 2050 年，48 亿 ~ 57 亿人每年将有一个月面临缺水 (WWAP，2018)。水污染形势也不容乐观，自 20 世纪 90 年代以来，非洲、亚洲和拉丁美洲几乎所有河流的水污染情况均出现恶化（UNEP，2016）。未来几十年内水质恶化还将进一步加剧，从而增加对人类健康、环境和可持续发展的威胁（Veolia/IFPRI，2015）。此外，随着气候变化对全球水循环的改变，如洪水和干旱等极端事件的发生频率和强度增加等，未来水资源管理将面临巨大的不确定性。

　　NbS 通过保护、可持续管理和生态系统修复，可以有效和适应性地应对以上挑战，同时为人类福祉和生物多样性带来益处（TNC，2019）。可应用于水资源管理的 NbS 措施包括森林保护、造林、湿地保护、湿地修复、农业最佳管理实践、城市绿色基础设施等。在供水管理方面，NbS 有助于增加渗透量、储水量和输配水量，调节水的时空分布，从而提升水资源的数量和可用性。在水质管理方面，NbS 有助于减少土壤侵蚀、净化水质并调节水温，从而改善水质（表 5-1）。

表 5-1　NbS：潜在的解决方案及水资源管理效益

NbS	供水管理			水质管理			
	流量调节	地下水补给	抗旱	净化	侵蚀控制	水温控制	微生物控制
森林保护、造林	■	■	■	■	■	■	■
河岸带缓冲区构建	■	■	■	■	■	■	■
湿地保护、湿地修复，以及功能性人工湿地	■	■	■	■	■	■	■
连接河流与河漫滩湿地	■		■	■	■	■	■
农业最佳管理实践							
覆盖作物				■	■	■	■
保护性耕作				■	■	■	■
农田养分管理				■		■	■
农林复合				■	■	■	■
节水灌溉	■			■		■	
其他绿色基础设施							
雨水收集设施	■	■		■		■	
城市绿色基础设施	■	■	■	■	■	■	■

资料来源：TNC（2019）。

NbS 应用于水资源管理将带来广泛的协同效益，包括改善人类健康、生物多样性、改善生计以及减缓和适应气候变化。特别需要指出的是，NbS 有助于改善饮水和卫生状况，这对于应对 COVID-19 疫情来说至关重要。通过结合 NbS，社会保障和公共工程项目也可以更好地支持疫情后的经济复苏。

NbS 为水资源管理提供了全新的选择。当前，水资源管理开始从基于水利工程技术的流域水资源分配调度的管理，转向基于水利工程技术的方案与 NbS 相结合的管理，以更符合自然规律的方式来应对水危机，实现从对抗自然到顺应自然的转变。水资源管理范式的改变既是保障用水安全的必要手段，也是实现可持续发展目标的必然选择。本部分将介绍 NbS 与水资源管理的关系，结合研究与实践案例解析 NbS 如何调节供水、改善水质以应对水资源危机。

5.1 基于自然的供水管理

5.1.1 水资源与水资源短缺

5.1.1.1 水资源

水资源是可供人类直接利用，能不断更新的天然淡水（主要指陆地上的地表水和地下水）。尽管地球上水的总储量多达 13.86 亿 km³，但淡水储量只占总储量的 2.5%。对水资源的开发利用受以下几个条件制约：①可供水量：特定地区通过降水、径流和含水层实际可获得的水量；②质量：用于不同用途时可被接受的水质；③获取：水资源的获取很大程度上取决于分配机制、使用许可和相关基础设置的完备程度；④稳定性：随时间变化，可供水量、水资源获取和水质的稳定程度，水资源回流模式的改变及生态系统退化影响水资源的稳定性（HELP，2015）。

5.1.1.2 水资源短缺

人口增长、生活方式变化、肉类消费增加以及农业、采矿业、能源生产和制造业等对水资源的需求不断增加，给有限的可利用水资源带来了越来越大的压力。目前，全球的取水量已接近最大可持续利用极限（Hoekstra et al., 2012）。日益严重的水资源短缺是目前可持续发展面临的重大挑战之一。

水资源短缺是指缺乏足够的淡水资源来满足用水需求，其本质是对水资源的需求和可用水量之间的时空不匹配（Sandra et al., 1996）。全球有近 1/3 的人口——26 亿人，生活在"高度缺水"的国家，其中 17 个国家中的 17 亿人生活在"极度缺水"的地区 [1]。

水资源短缺威胁着人类生活、生计和社会稳定。全球"有数十亿人口无法获取安全水源，正在挣扎求生"。由于缺乏基本的水和卫生设施，全球每年损失 2 600 亿美元（WHO，2012）。水资源短缺也影响着粮食安全，FAO《2020 年粮食及农业状况》报告指出，全世界约有 11% 的雨养农田（1.28 亿 hm²）和 14% 的牧场（6.56 亿 hm²）面临旱灾频发的问题，超过 60%（1.71 亿 hm²）的灌溉农田高度缺水（FAO，2020）。此外，由于无法对有限的水资源进行合理分配，许多极度和高度缺水的国家和地区之间有可能出现因水资源引起的冲突和战争，如以色列、利比亚、也门、阿富汗、叙利亚和伊拉克等。长久以来，尽管各国投入大

1　https://www.wri.org/aqueduct/.

量人力、物力兴建相关基础设施，并努力通过水管理计划和节水技术提高用水效率，但缺水仍然是很多国家和地区面临的主要问题，并被视为未来十年全球最大的风险之一（WEF，2020）。随着世界人口不断增加、生活水平提高、饮食结构变化及气候变化的影响，这一挑战将更加严峻。

5.1.2　中国水资源现状

水资源已经成为我国严重短缺的产品，水资源短缺成为制约环境质量的主要因素以及经济社会发展面临的严重安全问题（陈雷，2014）。我国水资源问题主要表现在以下几个方面。

人多水少：我国水资源总量约为2.8万亿 m³，人均占有量仅为 2 100m³，约为世界平均水平的1/4，是世界 13 个人均水资源占有量最匮乏的国家之一（图 5-1）（国家统计局，2020）。

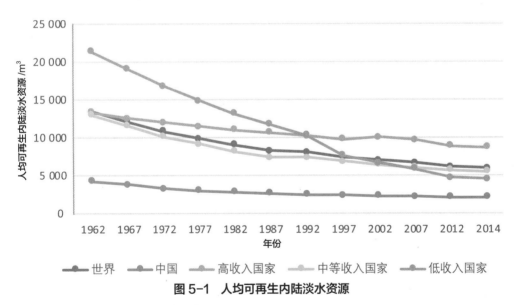

图 5-1　人均可再生内陆淡水资源

数据来源：https://data.worldbank.org.cn/.

时空分布不均：我国水资源时空分布极不均匀，与耕地资源和其他经济要素匹配性差，加上工程设施体系的不完善，华北、西北、西南以及沿海城市等地区水资源供需矛盾突出。正常年份全国缺水达 500 亿 m³，枯水年份缺口更大，全国每年因干旱缺水造成经济损失超过 2 000 亿元（王浩等，2012）。

水资源过度开发，地下水超采严重：黄河流域开发利用程度已经达到全流域的 76%，淮河流域也达到了 53%，海河流域更是超过了 100%，超过其承载能力。北方地区地下水普遍严重超采，全国年均超采量达 200 多亿 m^3，现已形成 160 多个地下水超采区，超采区面积达 19 万 km^2，引发了地面沉降和海水入侵等环境地质问题（王浩等，2012）。

用水效率低：与水资源管理先进国家相比，我国用水效率还有很大提升空间。如我国灌溉水利用率仅有 46%，而美国已达 54%，以色列更是达到 87%（图 5-2）（刘晶等，2019）。考虑到我国农业用水占比超过六成，未来农业用水节水潜力还很大。

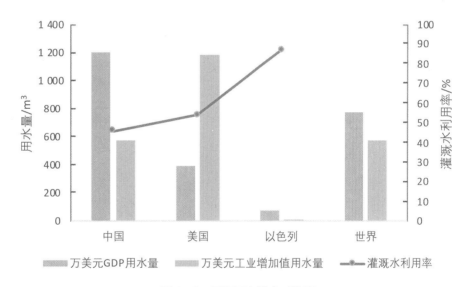

图 5-2　国际用水效率对比图

数据来源：刘晶等（2019）。

气候变化增加水资源风险：20 世纪中叶以来，受气候变化影响，我国东部主要河流径流量不同程度减少，海河和黄河径流量减幅达 50% 以上。冰川退缩加剧了青藏高原江河源区径流量变化的不稳定性。气象灾害频发降低了水资源的可利用性，导致我国北方水资源供需矛盾加剧，南方则出现区域性甚至流域性缺水现象。在气候持续变暖背景下，未来我国水资源风险将会增加[1]。

1　http://www.cma.gov.cn/2011xzt/2020zt/20200323/2020032307/202003/t20200318_549083.html.

为解决日益复杂的水资源问题，实现水资源高效利用和有效保护，我国于2011年提出实行最严格的水资源管理制度，确立了用水总量控制、用水效率控制和水功能区限制纳污"三条红线"。2014年又提出了"以水定城、以水定地、以水定人、以水定产"的发展思路和"节水优先、空间均衡、系统治理、两手发力"的治水方针。2015年10月国务院办公厅印发《关于推进海绵城市建设的指导意见》，把NbS与城市排水系统改造相结合，将30个城市分两批纳入中央财政补贴（共计400亿元）试点。"海绵城市"理念的提出和实践是一个重要的转折，标志着我国水资源管理开始从单一的工程治水向基于自然的、整体修复的生态治水方向转变（吴初国等，2020）。

尽管取得了巨大的成就，我国水资源管理仍然面临诸多挑战，水资源需求居高不下，用水效率偏低，水资源利用的可持续性有待提高。未来，随着工业化、城镇化的深入发展，水资源需求将在较长一段时期内持续增长，我国水资源面临的形势将更为严峻。如何从流域角度综合考虑水资源管理，统筹推进山水林田湖草系统治理，破解水资源短缺顽疾，仍然需要持续思考。

5.1.3　NbS 与供水管理

随着研究和实践的增加，人们越来越认识到生态系统在水资源开发利用和管理中的重要作用。虽然水库、污水处理厂和供水系统等灰色基础设施不可或缺，但是，健康的生态系统才是稳定、可持续供水的基础。健康的生态系统可提供供水和调节水文的生态系统服务，调节降水，减缓径流，自然地过滤和储存水，而后稳定释放（Grizzetti et al.，2016）。这些生态系统服务不需要成本或者只需要很低的成本，而且易于维护。不幸的是，全球生态系统已经严重退化。人口增长、土地利用变化、工农业过度取水、污染、过度捕捞等人类活动带来的压力导致生态系统及其服务功能严重退化（图5-3）。生态系统退化导致水资源蒸发速度加快、土壤蓄水能力降低、地表径流增多、土壤侵蚀加剧，这些都给水循环带来严重的负面影响，致使水资源可供水量减少、稳定性变差、获取难度增加。通过对生态系统的保护、可持续管理和修复等NbS措施，可以改善生态系统服务功能，从调节、增加可供水量和提高水的使用效率两方面助力水资源管理。

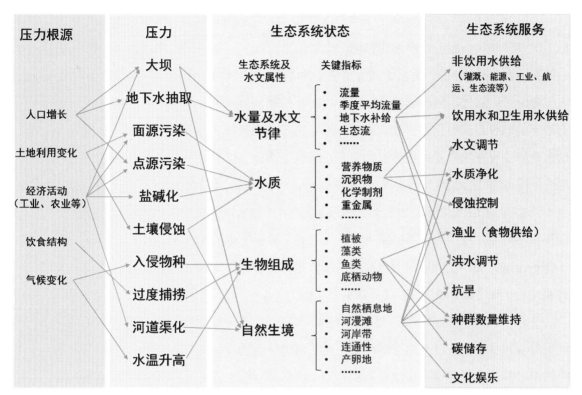

图 5-3　人类活动带来的压力与生态系统状态、生态系统服务之间的关系

资料来源：Grizzetti et al.（2016）。

5.1.3.1　NbS 调节和增加可供水量

NbS 可以通过影响径流、渗透等水文过程，发挥调节或增强供水的作用：提升湿地/土壤的渗透和蓄水能力、增加含水层水量，从而增加/维持（清洁）供水；在干旱期间通过自然储水"设施"（包括土壤和地下水、地表水和含水层）稳定释放水分缓解干旱；减少沉积物从而增加水库的容积；改善水质从而增加可供水量。

可用于供水调节的 NbS 包括但不限于：

（1）森林保护、造林：森林有助于拦截降水、涵养水源，林地中的土壤储存和释放水分的能力有助于调节流域的供水。森林保护避免土地利用方式转变。造林有助于减少土壤侵蚀和泥沙输送，增加土壤入渗，减少地表快速径流和下游洪水风险。在流域上游造林可显著减少进入水库的沉积物，从而增加水库容量。需要注意的是，造林需要选择适合本地气候和水文条件的树种，否则可能会因过度消耗地下水而加剧水资源短缺（Cao et al., 2009）。

（2）湿地保护、修复、修建功能性人工湿地：湿地在水资源管理方面能提供巨大的调节和供给服务。湿地能够储存大量的雨水径流，在干旱时期通过缓慢释放储存的水来提供水分，有助于调节水量。湿地也有助于地下水的补给，据估计，人工湿地可以通过渗透和蒸发减少 5% ~ 10% 的径流量 (CWP，2007)。湿地保护有助于消除导致其退化的因素，从而避免其生态系统服务功能下降或丧失。科学的湿地修复可有效修复退化湿地的生态系统服务功能，研究显示，修复退化的湿地可使湿地的供给、调节和支持功能提高 36%（Meli et al., 2014）。

（3）连通河流和河漫滩湿地：河漫滩湿地对区域水量平衡有重要影响，它可以接纳并储存过量洪水，既削减洪峰，又有助于减缓下游河流流速并补充地下水（Opperman，2014）。连通河流和河漫滩湿地，能够在一定程度上修复自然的、周期性的旱涝过程，发挥其生态系统服务功能。

（4）雨水收集：由于缺乏适当的工程和可持续生态系统管理，在一些干旱地区每年通过径流损失以及由裸露地表蒸发的雨水就达数百亿立方米，雨水收集可将这部分径流收集和储存在地表储水区、土壤剖面或补给含水层。雨水收集有助于减少、减缓降雨带来的径流，增加入渗，更好地补给地下水。此外，雨水收集有利于减轻土壤侵蚀，提高土壤肥力。

（5）城市绿色基础设施：包括绿色屋顶、绿色空间（雨水花园、生物滞留池）等。城市绿色基础设施可以和其他灰色基础设施一起，为城市水量、水质调节提供服务。城市绿色基础设施有助于减少暴雨径流，减轻雨洪对城市下水道系统的影响；同时增强雨水下渗，改善地下水补给。例如，以草本植物为主的滞留池，可减少多达 86% 的径流量（Sabourin et al., 2008）。

案例

11

肯尼亚塔纳河流域水资源综合治理

　　肯尼亚首都内罗毕 95% 的日常用水来源于塔纳河（Tana river）。塔纳河全长约 1 014km，是肯尼亚最长的河流，流经肯尼亚最富饶农业区的约 100 万个农场，与肯尼亚的粮食安全息息相关。同时，塔纳河还为 400 万内罗毕居民以及 500 万流域内的居民提供了 95% 的水源，并提供了该国一半的水电输出。然而，自 20 世纪 70 年代开始，流域内大面积的陡坡森林和湿地被开垦为农田，由此导致的土壤侵蚀和水库泥沙淤积成为了极其严重的问题。一方面，土壤随雨水被冲入河中，导致土壤流失、土壤肥力下降；另一方面，进入水体的过量泥沙堵塞并扰乱了水处理设施，致使水供应中断。2010 年，内毕罗 60% 的居民无法获得可靠的水资源。

　　为解决塔纳河流域的水土流失和供水不稳定的问题，并确保治理措施真正落地实施，TNC 联合众多方利益相关方，如县政府、水资源管理局、森林服务部门、区域理事会、内罗毕水务公司以及多家企业成立了上塔纳—内罗毕水基金（Upper Tana-Nairobi Water Fund，UTNWF）。UTNWF 是一个公私合作制实体进行运作的慈善信托基金，它利用下游水厂和水用户的资金来补偿和保护上游水源地的生态系统及其服务功能，以保障下游内罗毕的水量和水质。简言之，水基金的实质是下游水用户购买上游的生态系统服务功能（图 5-4）。

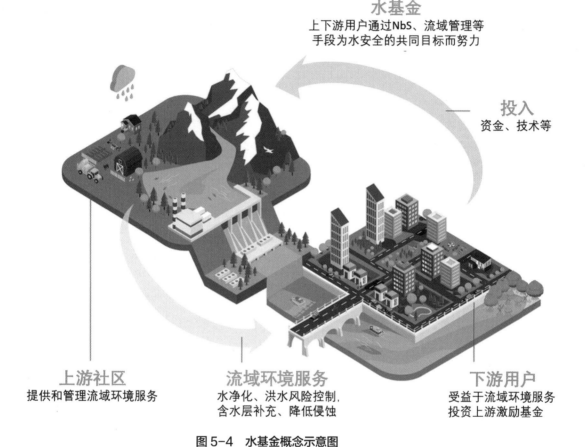

水基金
上下游用户通过NbS、流域管理等
手段为水安全的共同目标而努力

投入
资金、技术等

上游社区
提供和管理流域环境服务

流域环境服务
水净化、洪水风险控制、
含水层补充、降低侵蚀

下游用户
受益于流域环境服务
投资上游激励基金

图 5-4　水基金概念示意图

数据来源：https://waterfundstoolbox.org/getting-started/what-is-a-water-fund.

通过科学规划，UTNWF 在塔纳河流域采取了一系列的生态系统修复和可持续农业管理措施，包括以下 4 个方面。造林：在流域的高海拔地区采用本地树种进行植树造林，这些地区此前曾被开垦为农业用地，但目前不是生产性农田；修复河岸带：沿河流及溪流种植本地植物品种的缓冲区，以减轻径流输送；改变当地农民的耕作和用水方式：使用覆盖作物保护土壤免受冲刷，推广集雨池储存雨水用于灌溉，减少从塔纳河抽水；推广滴灌技术，减少灌溉用水。

以集雨池为例，利用集雨池将雨季产生的多余地表水通过田间集流储存起来，在旱季土壤缺水时分批次回灌于农田土壤。既提高了农田降雨利用率，同时也减少了雨水径流造成的土壤侵蚀和农田水涝灾害。此外，这些水也可作为牲畜饮水和家庭用水，一举多得。这些措施将大大改善塔纳河的健康状况，为内罗毕提供更可靠的供水：泥沙沉积导致的输水中断将可减少 30%，旱季流量将能增加 15%，流域内的 50 多万人的饮用水水质也将得到改善。在不同的地区，不同的自然条件和水资源利用状况下，水基金可以通过综合利用多种 NbS 方案因地制宜地解决水资源问题[1]。

5.1.3.2 NbS 提升农业用水效率

农业既是水资源短缺的驱动因素，也是其受害者。在高度依赖灌溉的国家和地区，例如印度、巴基斯坦等，灌溉农业消耗 70% 以上的年均可供水量（HELP，2015）。通过 NbS 调整农业取水、灌溉和排水的管理方式，将可为减缓水资源短缺和提升农业用水效率提供契机。

（1）保护性耕作：保护性耕作有助于增加土地表面粗糙度，减少土壤水分蒸发，改善土壤结构，提高土壤贮水量，从而提高水资源利用率。保护性耕作在我国已有较多研究和应用。在水土流失较为严重的黄土高原地区，免耕秸秆覆盖和深松的耕地其土壤含水量与传统耕作耕地相比分别提高了 13.6% 和 31.7%，水分利用效率分别提高了 2.26kg/(hm^2·mm) 和 3.82kg/(hm^2·mm)；与此同时，平均径流量分别减少了 32.8% 和 23.5%（白鑫等，2020）。

（2）节水灌溉：以 NbS 为主要导向的农业节水技术的应用，如调整种植结构（根据未来气候情景和当地文化，选择适宜的作物、适宜的种植模式，如抗旱作物、轮作、间混套作等）、节水灌溉（根据作物不同时间的水分需求，进行精准灌溉，避免大水漫灌）等，在节约灌溉用水方面有很大潜力。

1　更多工具和案例，请访问：https://waterfundstoolbox.org/.

案例

12

西内布拉斯加精准灌溉项目

内布拉斯加州（Nebraska）位于美国中西部高平原中心，居民主要聚居于普拉特河（Platte River）河谷附近，农业是该州的支柱产业。美国 40% 的玉米产自内布拉斯加州，仅在普拉特河谷就有 28 328km² 的灌溉土地，灌溉用水占该州耗水量的 90%。20 世纪中期以来，由于过度抽取地下水用于灌溉，地下水水位下降，普拉特河已经显著萎缩。2000 年和 2012 年的两次严重干旱，更加剧了当地居民对水资源可持续性的担忧。TNC 科学家认识到，为了保护和修复普拉特河谷的生态系统和生物多样性，需要为普拉特河补充更多地下水，而实现可持续用水平衡的关键就在于农业灌溉。

为提高灌溉效率和减少灌溉用水以缓解潜在的水资源短缺问题，TNC 与可口可乐公司（Coca-Cola）、约翰迪尔公司（John Deere）和世界自然基金会 (WWF) 展开合作，在内布拉斯加西南部启动西内布拉斯加灌溉项目（Western Nebraska Irrigation Project, WNIP）。项目试点区域是一个独立的小流域，集中应用了大量中心枢轴灌溉系统，为精准灌溉技术应用和流域变化监测提供了基础。

WNIP 为参与农场提供精准灌溉技术培训和指导，并以 5∶5 的方式与农场分担设备成本。WNIP 的精准灌溉实践包括：安装土壤湿度传感器、新型农业物联网设备和流量计用于指导灌溉；基于土壤湿度、电导率、气象数据以及每种作物的生长阶段和所需条件，精确计划灌溉时间和灌溉量；引入具有 GPS 定位和远程控制功能的枢轴灌溉控制系统，从而实现手机端远程控制灌溉。

内布拉斯加农场的中心枢轴灌溉系统 ©Chris Helzer

2015—2018 年的三年间，内布拉斯加共有 11 个农场参与 WNIP 项目，占地面积约 32.4km²。通过实施精准灌溉，这些农场减少了约 20% 的地下水抽取量，合计 470 万 t。农场积极参与项目不仅因为项目提供免费的技术和培训，更因为新的灌溉技术在保证产量的前提下节省了他们的时间（通过设备远程管理灌溉系统）和成本（地下水抽取成本降低）。当前，TNC 正与内布拉斯加州大学合作，通过对农田灌溉水和流域地下水水位的监测，研究该流域精准灌溉对生态的具体影响，包括确定精准灌溉对地下水水位和水质的影响以及确定这将如何使农民、社区和生态系统受益。与广袤的内布拉斯加州相比，这个小流域只是沧海一粟。但是，精准灌溉技术在这里的成功引入可以作为一种模式，在未来为较大流域的水量平衡计划提供参考。

5.2 基于自然的水质管理

5.2.1 水质威胁

5.2.1.1 饮用水安全是人类发展和福祉的根本

水质对人类健康至关重要，受污染的水源会传播各种疾病，如腹泻、霍乱、痢疾、伤寒和肠胃炎等，因此提供安全的饮用水是促进健康、减少疾病和贫困的最有效手段之一。然而，当前全球仍有近 30% 的人口缺乏清洁的饮用水，近 80% 的废水未经处理直接被排入江河湖海。普遍和平等地获得安全和负担得起的饮用水，是联合国可持续发展目标之一，获得安全的饮用水是确保实现可持续发展目标至关重要的一环。

5.2.1.2　人类活动和气候变化严重威胁着水质

人口增长和城市化、工业化、农业扩张和集约化以及气候变化驱动下的水污染和水质恶化，正严重威胁着人类和生态系统健康，同时造成"水质性缺水"。森林和地表植被破坏以及湿地退化加剧了水土流失，导致河水水质下降；不合理的农业生产方式造成氮、磷等营养物质以面源污染的形式进入河流，导致水体富营养化；不透水的城市地面无法渗透和储存雨水，导致污染物随雨水扩散；生活污水和工业废水未经合理处理通过管道直接排入水体，造成点源污染；气候变化进一步推波助澜，可利用水量减少及水温升高将进一步加剧水质恶化，更频繁和更猛烈的洪水将加剧污染物扩散（IPCC，2014）。

自 20 世纪 90 年代以来，非洲、亚洲和拉丁美洲几乎所有河流的水污染情况均出现恶化（UNEP，2016）。未来几十年内水质恶化还将进一步加剧，从而增加对人类健康、环境和可持续发展的威胁（Veolia/IFPRI，2015），使得水资源供需矛盾进一步加剧。

5.2.2　中国水质现状

经历了经济长期高速增长后，我国水污染问题突出。2015 年，在国家将水环境保护作为生态文明建设的重要内容的大背景下，针对水污染防治工作面临的严峻形势，我国提出了《水污染防治行动计划》（"水十条"）。经过 4 年的治理，我国水环境质量大幅改善。监测数据显示，2019 年，全国地表水国控断面水质优良（Ⅰ～Ⅲ类）和丧失使用功能（劣Ⅴ类）的比例分别为 74.9% 和 3.4%，分别比 2015 年提高 8.9% 和降低 6.3%；大江大河干流水质稳步改善。但水污染防治还不容松懈，当前，我国水污染治理仍然存在以下几个问题。

农业面源污染防治压力较大："水十条"实施以来，我国点源污染虽在一定程度上得到了控制，但农业面源污染对水环境的影响尚无根本改善。2017 年《第二次全国污染源普查公报》显示，农业源水污染物排放化学需氧量 1067.13 万 t、氨氮 21.62 万 t、总氮 141.49 万 t、总磷 21.20 万 t[1]。巨大的排放量导致以太湖、巢湖、滇池为代表的部分湖泊（水库）仍然呈轻度富营养状态（占所有监测湖泊的 22.4%）至中度富营养状态（占所有监测湖泊的 5.6%），农业面源污染防治压力较大（生态环境部，2020）。

城市黑臭水体治理任务艰巨：我国城市化、工业化进程的加快，导致城市污水排放量不断增加，同时，由于城市环境基础设施日渐不足及老城区改造困难，大量污染物未经处理直接排放到河道中，加之垃圾入河、底泥污染严重，造成城市黑臭水体问题严重（王谦等，2019）。"水十条"将"整治城市黑臭水体"作为重要内容，并明确要求于 2020 年年底前完成地级及以上城市建成区黑臭水体均控制在 10% 以内的治理目标。截至 2019 年 5 月， 77 个城市消除黑臭水体比例小于 80%，50 个城市的消除比例低于 50%，还有 19 个城市的消除比例甚至为 0（胡洪营等，2019）。消除城市黑臭水体，实现水环境彻底好转，还需要长期努力。

新兴污染物[2]成为水污染治理新挑战：近年来，随着环境分析水平的提高，新兴污染物在我国部分流域已被频繁检出，这些污染物在环境中难以降解，具有累积性，缺乏有效的管控措施，是水环境、生态安全和人体健康的潜在威胁。迫切需要建立基于毒性评价的排放标准和控制目标，并加速研发适宜的处理措施和技术。

针对复杂的水质问题，需要加大重点流域、水源地的治理与保护，加强农业面源污染、农村点源污染以及城市污水治理，统筹推进山水林田湖整体保护、系统修复、综合治理，使流域生态系统修复健康，切实提升自然的净化能力，确保水质安全。

1　https://www.mee.gov.cn/xxgk2018/xxgk/xxgk01/202006/t20200610_783547.html.
2　新兴污染物 (emerging contaminants OR contaminants of emerging concern, ECs) 的概念于 2003 年由 Mira Petrović 等提出，一般指尚未有相关的环境管理政策法规或排放控制标准，但根据对其检出频率及潜在的健康风险的评估，有可能被纳入管制对象的物质。这类物质不一定是新的化学品，通常是已长期存在环境中，但由于浓度较低，其存在和潜在危害在近期才被发现的污染物。目前，人们关注较多的 ECs 包括全氟化合物 (PFOS、PFOA)、内分泌干扰物 (EDCs)、药品和个人护理用品 (PPCPs)、致癌类多环芳烃 (PAHs)、溴化阻燃剂及其他有毒物质等（文湘华等，2018）。

5.2.3　NbS 与水质管理

长期以来，人们首先希望借助"灰色"基础设施（如输水渡槽、水库和污水处理厂等）改善水资源管理，而轻视自然的作用。但是，灰色基础设施在处理某些水环境问题，如农业面源污染上已经显现出短板。与此同时，灰色基础设施的刚性特征使其无法适应气候变化所带来的未来外部条件变化。在全球水污染恶化、需水量迅速增加以及气候变化的背景下，要实现可持续的水安全，仅靠墨守成规已经力有不逮。需要与自然协作，以新的解决方案来管理水质。

NbS 可通过保护、可持续管理和修复生态系统，有效和适应性地改善水质，同时为人类福祉和生物多样性带来好处。NbS 利用保护生态系统（森林、草地、湿地、河流等）、对绿色基础设施进行投资（如造林和湿地修复等）、可持续管理（如保护性耕作、农田养分管理）等措施，从源头到城市为水质安全提供解决方案。

5.2.3.1　NbS 保护水源地水质

清洁的好水离不开好的水源。在流域尺度规划和开展水源地保护，能够有效提升水质，修复自然的自净能力，同时为上下游带来多重收益。研究发现，在中国大约 140 万 hm^2 的水源地集水区实施 NbS 项目即可以减少至少 10% 的水污染，仅此一项就可以改善 1.5 亿人口的饮用水水质（TNC，2016）。

通过恰当的管理，森林、湿地和草地以及土壤和作物均可成为保护水源的"绿色基础设施"。它们有助于防治点源或面源的污染，利用生态系统中的土壤、植被等截留、吸收或降解地表水中的悬浮沉积物和污染物；过滤悬浮沉积物、重金属和其他污染物，保护地下水不受污染；通过生物滞留和渗透缓解现污水处理设施的压力；将人工湿地与传统污水处理设施联合使用，在处理前改善废水质量，从而减少污水处理成本。可用于水质管理的 NbS 包括但不限于以下的 4 个方面。

（1）森林保护、造林、森林经营：森林可以截留水体中的沉积物、降解或吸收其他污染物。森林保护有助于维持森林现有的生态系统功能，并且避免土地转化，规避未来沉积物或营养物质增加的风险。造林可以固定土壤，减少泥沙和营养物质的输送。树木生长过程中对氮的吸收也可以减少区域范围内地下水和地表水的营养物质 (Hansen et al., 2007)。树木吸收养分的能力可能随着树龄的增加而下降，科学的森林经营有助于维持森林整体对养分的吸收能力。管理良好的森林能以低于污水处理厂的成本提供清洁用水，目前世界上 100 个最大城市中有 1/3 的城市依赖森林保护区提供饮用水 (TEEB，2009)。

（2）草地保护与修复：草地作为重要的生态系统可减少土壤侵蚀、吸收营养物质、降解牲畜粪便及其他污染物（赵同谦等，2004）。世界上的大江大河及其主要支流都发源于草地，保护和修复草地，有助于维持和修复其生态系统服务功能，对于保护水源、水质具有重要意义。

（3）湿地保护与修复、修建功能性人工湿地：湿地被称为"地球之肾"，在水质管理方面有巨大潜力，它能够有效减少径流中悬浮沉积物；湿地中的植被和微生物有助于降解多种污染物，消除病原体，减少水中的营养物质。湿地修复有助于修复其净化功能，例如，通过湿地修复，瑞典 Tullstorpsan 集水区内磷的平均浓度下降了 30%[1]。模拟自然湿地水文过程的人工湿地也常常被用于水污染治理。例如位于阿曼的占地 360hm^2 的世界上最大的商业人工湿地被用于处理油田生产作业中的废水，湿地日处理能力超过 95 000m^3，同时还为鱼类和数百种候鸟提供栖息地 (TNC，2013)。

（4）河岸带缓冲区构建：河岸带缓冲区构建是研究最充分、使用最频繁的水环境治理区域。构建由乔木或其他植被组成的河岸带缓冲区，有助于截留泥沙和营养物质，使其成为防止污染物流入河流的最后一道防线。研究表明，30m 宽的河岸带缓冲区对沉积物和总磷的截留率高达 98% ～ 99%，维护良好的草类河岸带缓冲区清除泥沙的有效性可高达 90% ～ 95%(Osmond et al., 2002)。河岸带缓冲区也有助于降低水温，对于水域保持足够的溶解氧有重要意义，并能够减少藻华的发生率（Halliday et al., 2016）。欧盟成员国将河岸带缓冲区广泛应用于农业面源污染控制，并在良好农业与环境条件 (GAEC) 框架内制定了河岸带缓冲区的标准（Biaggini et al., 2011）。

管理来自农业的面源污染是提升水质面临的最大挑战。农业面源污染来源广泛、排放随机、污染水体规模大，使用传统灰色工程较难清除，但这恰恰是 NbS 最能发挥作用的领域。可用于减轻农业面源污染的 NbS 措施包括以下几方面。

（1）覆盖作物：覆盖作物可提高农田土壤的稳定性，从而减少土壤侵蚀和养分流失。研究报告显示，农田空闲期种植覆盖作物平均可降低 52% 的土壤侵蚀以及 48% 的氮淋溶损失（Stevens et al., 2009）。

1　http://nwrm.eu/measure/wetland-restoration-and-management.

（2）保护性耕作：保护性耕作可降低农业生产对土壤的扰动和对化肥的需求，从而减少土壤侵蚀和养分流失，从源头减少污染。据研究，与传统耕作农业相比，保护性耕作能改善土壤结构和稳定性，增加排水和持水能力，减少降雨径流的风险并减少高达到 100% 农药和高达 70% 化肥造成的地表水污染，能降低 20% ~ 50% 的能耗，同时降低 CO_2 排放量（Stagnari et al., 2009）。

（3）农田养分管理：养分管理通过对土壤肥力进行分析并作出相应施肥决策，将养分供应与作物需求相匹配以实现最佳产量同时将损失到环境中的养分减到最少。

基于自然的水安全解决方案不仅有效，而且和净水厂等灰色基础设施相比，也更具成本有效性。建设足够大的净水工厂除需要 60 亿 ~ 100 亿美元的建设费用外，每年还要有额外的 1.1 亿美元用于运营和维护。尽管建设绿色基础设施的总开支很难量化，但据估算其每年消耗的资金不到 1 亿美元（TNC，2017）。

案例

13

龙坞水库水源地保护

杭州市余杭区青山村附近的龙坞水库，建成于 1981 年，库容约 34 万 m³，常年为青山村全部村民和赐壁村部分村民大约 4 000 人提供饮用水，水库下游还设有黄湖龙坞泉水厂，为浙江省部分单位提供小规模桶装饮用水。水库上游 2 600 亩汇水区内的 1 600 亩毛竹林，是当地村民赖以生存的主要经济来源之一。

自 20 世纪八九十年代开始，青山村涌现出很多毛竹加工厂。随着竹子和竹笋价格高涨，居民为了提高产量追求更高的经济利益，开始在竹林中大量施用化肥和除草剂。过量的化肥和除草剂经雨水冲刷进入水库，形成了较为严重的面源污染，导致水库水质变差。2014 年 7 月，龙坞水库的水质调查显示，水体总体水质仍然较好，29 项指标中有 26 项能够达到国家 II 类水质标准，但总氮、总磷和溶解氧三项指标已经处于国家 III 类甚至 IV 类水质（表 5-2）。竹林内的农业面源污染成为龙坞水库饮用水安全面临的主要威胁。

表 5-2　2014 年龙坞水库水库监测报告

	溶解氧		总磷	
	检测值 /（mg/L）	水质类别	检测值 /（mg/L）	水质类别
S1 水库南入水口（上游）	6.34	II	0.035	III
S2 水库南入水口（库内）	5.35	III	0.05	III
S3 水库南岸拐角处	5.31	III	0.043	III
S4 水库大坝水位测量点	5.23	III	0.035	III
S5 水库大坝中间	5.41	III	0.056	IV

	溶解氧		总磷	
	检测值 /（mg/L）	水质类别	检测值 /（mg/L）	水质类别
S6 水库出水溢洪坝处	6.19	II	0.046	III
S7 水库北入水口（上游）	5.59	III	0.04	III
S8 水库北入水口（库内）	5.61	III	0.059	IV
S9 水库北岸拐角处	5.33	III	0.044	III
S10 水库出口下游	6.27	II	0.046	III

2015 年，TNC 将水基金信托模式引入中国。作为第一步尝试，TNC 与万向信托、阿里巴巴公益基金会等合作伙伴，成立了善水基金，选择龙坞水库开展水源保护。TNC 科学家对水源地进行了调查和评估，发现龙坞水库汇水区共有 2 600 亩，其中竹林（经济林）共 1 600 亩。之前农业操作中使用化肥和除草剂的林地共有 400 ~ 600 亩，均处于靠近水源的低丘缓坡地区。通过 2015 年和 2017 年两次毛竹经营权流转，善水基金基本实现了对水库周边施肥林地的集中管理。善水基金每年定期组织农户和志愿者对毛竹林进行人工除草和林下植被修复，有效地控制了农药、化肥施用，并防止水土流失，使竹林发挥其应有的水源涵养功能；同时善水基金联合陶氏化学与浙江省环境监测中心对水源地进行定期的水质监测。在水库的日常管理上，TNC 不仅协助监督水源地内的钓鱼、烧烤等违规行为，还在村里开展各种各样的宣教活动以提升当地居民对龙坞水源地的保护意识。

经过善水基金 2 年多的统一管理，持续的水质监测数据显示龙坞水库水质逐步提升，其中总磷与溶解氧由 2014 年的国家 III 类、IV 类改善为 I 类（表 5-3）。

表 5-3　龙坞水库 2016 年水质监测报告

水样名称	总磷/（mg/L）	类别	溶解氧/（mg/L）	类别
2016 南入水口	<0.02	I	8.78	I
2016 出水口	<0.02	I	8.6	I
2016 1-1	<0.02	I	9.02	I
2016 1-2（北入口）	<0.02	I	9.12	I

水样名称	总磷/(mg/L)	类别	溶解氧/(mg/L)	类别
2016 2–1	0.05	I	8.92	I
2016 2–2	<0.02	I	9	I
2016 3–1	<0.02	I	8.75	I
2016 4–1	<0.02	I	8.68	I
2016 4–2	<0.02	I	9.01	I
2016 6–2	0.03	II	9.01	I

善水基金还通过积极对接外部资源，引导公众和企业参与，帮助当地村民发展生态友好的产业模式，在为龙坞水源地保护提供可持续资金支持的同时，带动当地村民实现传统农业向绿色经济的转型，实现生态保护与经济发展的双赢。

青山村龙坞水源地保护项目采用的生态治水措施与可持续保护资金模式，不仅提升了饮用水水源的水质，改善了水源地的生态环境，还为当地发展环境友好型产业提供了必要前提，帮助村民找到了一条绿色发展之路。龙坞模式的成功经验可以为众多农村小水源地的治理与乡村绿色振兴提供借鉴。

5.2.3.2　NbS 改善城市水质

目前全球绝大部分人口居住在城市，人们对于将绿色基础设施纳入城市规划和设计，管理和减少城市内涝及径流污染的兴趣日益增加（UNEP-DHI et al., 2014）。增加绿色屋顶、雨水花园、生物滞留池等覆盖植被的下渗区或排水区，不仅能减少地表径流对水体的污染，还可以增强城市应对旱涝灾害的能力。建设人工湿地有助于处理生活污水和新兴污染物。研究显示，湿地在降解或固定新兴污染物方面比常规废水处理方式更为有效（Vystavna et al., 2017）。

覆盖植被的下渗区或排水区

图片来源：TNC。

当然，NbS 也并非万能的灵丹妙药。在处理污染物浓度较高的工业和采矿业废水时，灰色基础设施仍是不可或缺的。因此，在制定水环境管理方案时，应基于成本效益和可持续的原则综合考虑"灰＋绿"的最佳解决方案。

案例

助力深圳海绵城市建设——"冈厦1980"

海绵设施：绿色屋顶、雨水收集桶

建设单位：深圳市桃花源生态保护基金会、大自然保护协会（TNC）

设计单位：筑博联合公设（公益支持）、深圳市城市规划设计研究院（公益支持）

运营单位：本地智慧•冈厦1980项目

深圳城中村大多数缺少规划和管理，不少村民为追求利益不断加盖违章建筑，导致农民楼密集拥挤，楼栋之间道路狭窄。加上基础设施不完善，排水管道布线杂乱无章，城中村存在雨洪内涝严重且不易整治的问题。绿化环境方面，城中村内严重缺少绿色空间，地面也没有多余的空间用于改造，既无法给居民提供良好的居住环境，又加剧了城市的热岛效应，还缺少应对台风、瞬时暴雨等极端天气的能力。

针对这一现状，桃花源生态保护基金会、TNC选取岗厦村中的一栋青年公寓"冈厦1980"作为试点，探索城中村海绵城市改造环境的可行性。"冈厦1980"四周被楼房紧密包围，楼与楼之间的距离为1～5m，房屋周边极度缺少绿化空间。暴雨时，城中村老旧的地下管道设施容易产生内涝积水的问题，给居民生活带来不便。

　　项目结合城中村居民楼的特点，因地制宜，在建筑物屋顶设计绿色屋顶，通过设施合理的布局，使建筑产生的雨水径流分层蓄滞，且相互连通，形成系统（图5-5）。项目组在"冈厦1980"自身楼体承重范围内，设计出跨层立体屋顶结构以增大绿化屋面，以钢结构拼接的方式，组合出种植区、平台和阶梯等不同功能模块，既方便维护人员进入种植区清理花园，又为住户提供在花园中步行观赏和停留休憩的空间，同时在屋顶四周通过绿植加高围墙，提高使用安全性，为住户提供一个舒适有保障的活动空间。

　　改造后的"冈厦1980"屋顶一共设置了410个带蓄水模块的种植箱，绿化面积约为39.4 m²。每个种植箱由具备蓄水层的种植箱体、具备吸水棉布的挡土格栅和无纺布垫层组成，每个花盆底部蓄水深度达5cm，可以有效截存初雨污染较大的部分雨水，减少初期径流（图5-6）。配合雨水收集回收利用系统，项目组在屋顶设计雨落管，将溢流的雨水从屋面收纳至二楼天台的雨水蓄积桶中，回收利用于植物浇灌、日常清洁等（图5-7）。同时在植物景观设计方面，项目组结合深圳气象条件和通过对屋顶24小时日照的记录观察得出的现场微气候分析以及易维护、低成本和生物多样性等要求，以本地物种为主，塑造了滨海城市主题的园林景观。

通过合理的设施布局，使建筑屋面产生的雨水径流分层蓄滞，且设施相互连通形成整体。

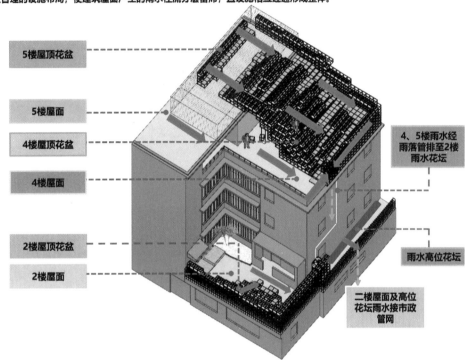

5楼屋顶花盆

5楼屋面

4楼屋顶花盆

4楼屋面

4、5楼雨水经雨落管排至2楼雨水花坛

2楼屋顶花盆

2楼屋面

雨水高位花坛

二楼屋面及高位花坛雨水接市政管网

图 5-5　"冈厦1980"屋顶径流组织路径

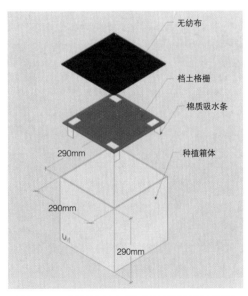

无纺布

档土格栅

棉质吸水条

种植箱体

290mm

290mm

290mm

图 5-6　"冈厦1980"屋顶种植箱结构图　　　　图 5-7　"冈厦1980"二楼平台的雨水桶

项目通过屋顶花园的设计，结合具有蓄水模块的种植箱，搭配原有雨水管和二楼雨水桶，形成一个屋顶雨水过滤收集系统，实现了该建筑 65% 的雨水年径流总量控制率。该项目远超出综合整治类项目要求，有效减缓城中村周边地面排水压力，增强防灾减灾能力和水资源管理能力，同时配套的雨水收集系统运行良好，将雨水有效回收用于植物浇灌与日常清洁。

项目建成后，"冈厦 1980"屋顶也成为社区自然教育、居民活动的共享场所。组织了多场海绵科普、自然观察、屋顶音乐会、屋顶社区晚宴等多种多样的活动，不仅使"冈厦 1980"公寓的住户能体会到屋顶花园带来的好处，还能让社区居民共享一片难得的绿色空间。

冈厦屋顶花园全景俯瞰

5.3　结语与建议

NbS 应用于水资源管理将带来广泛的协同效益，包括改善人类健康、丰富生物多样性、改善生计以及减缓和适应气候变化等，前景广阔。基于自然的水资源管理方案提供了广泛的价值和独特的多重效益，远远超出了安全供水的范围。

自 2009 年 NbS 的概念被提出以来，尽管针对 NbS 的投资有所增长，但这部分投资占水资源管理基础设施总投资的比例还不到 1%（WWAP，2018）。处于探索阶段的 NbS 存在着一定发展障碍和知识缺口，灰色基础设施解决方案仍然具有压倒性的优势。近年来，随着研究的深入和实践的增加，人们开始认识到 NbS 的潜力被低估了，对它的关注度也迅速提高。越来越多的国家和地区，例如欧盟、中国、荷兰等，开始将 NbS 的思路纳入水环境治理的主流之中。通过水基金等方式实施的流域环境服务付费与日俱增，仅拉丁美洲和加勒比地区就已有超过 20 个水基金投入运营。城市绿色基础设施投资快速增长，据统计，2013—2015 年，各国对与水相关的绿色基础设施的投资每年增长 12%（Forest Trends, 2016）。

党的十八大以来，我国的水生态文明建设、海绵城市建设等生态文明建设试点项目有诸多基于 NbS 理念的应用和实践。联合国在第八届世界水论坛上发布《2018 年世界水资源开发报告》时特别指出，"中国海绵城市理念是 NbS 的一个优秀样本"。由 TNC 与合作伙伴发起的龙坞水基金和千岛湖水基金在流域面源污染治理方面起到了良好的示范效果。

未来，需要以更符合自然规律的方式来应对水危机，实现从对抗自然到顺应自然的转变。扩大 NbS 在水资源管理中的比重，引导水资源管理从基于水利工程技术的流域水资源分配调度的管理，转向基于水利工程技术的方案与 NbS 相结合的管理，为此提出以下几点建议。

在供水管理中增加对 NbS 的投资和应用。在供水管理方面，通过保护和修复和可持续利用各种生态系统，NbS 能带来增加和调节供水、提升用水效率的效益。通过与 NbS 结合，现有的供水系统也能增加气候变化弹性，提供更稳定的供水。

在水污染治理中增加对 NbS 的投资和应用。现有的污水处理设施和技术在处理农业面源污染和新兴污染物方面已经显现出了短板，NbS 可以作为一个新的有效补充。城市黑臭水体治理也应增加对 NbS 的应用，按照"控源截污、内源治理、生态修复、活水保质"的系统思路和综合方案解决问题，从根本上消除黑臭水体。

利用水基金等金融工具拓展 NbS 的融资渠道，探索社会共治模式。作为一种长效的治理、投资和水源保护执行机制，水基金从流域角度提供水源保护的行动框架，通过激励下游用水者对上游集水区的保护和修复进行投资，让上下游共享健康生态系统的价值。数十个水基金的经验表明，水基金有能力使下游用户投资上游生态保护和土地管理，进而改善水质和水量。

以 NbS 为抓手，统筹生态修复规划和流域综合治理，系统治水。以水为核心，诊断流域内的生态问题，统筹山水林田湖草等生态要素，保护、修复和可持续利用生态系统及其服务，促进水与生态系统其他各要素的和谐共生。

参考文献

Abell R, Asquith N, Boccaletti G, et al., 2017. Beyond the Source: The Environmental, Economic and Community Benefits of Source Water Protection[R]. Arlington, VA: The Nature Conservancy.

Bennett G, Ruef F, 2016. Alliances for green infrastructure: State of watershed investment[R]. Washington, DC: Forest Trends.

Biaggini M, Bazzoffi P, Gentile R, et al., 2011. Effectiveness of the GAEC cross compliance standards Rational management of set aside, Grass strips to control soil erosion and Vegetation buffers along watercourses on surface animal diversity and biological quality of soil[J]. Italian Journal of Agronomy, 2011: e14-e14.

Cao S, Chen L, Yu X, 2009. Impact of China's Grain for Green Project on the landscape of vulnerable arid and semi-arid agricultural regions: A case study in northern Shaanxi Province[J]. Journal of Applied Ecology, 46(3): 536-543.

CWP, 2007. Manual 3: Urban Stormwater Retrofit Practices Manual: Urban Subwatershed Restoration Manual Series[R]. Ellicott City, MD: Center for Watershed Protection.

FAO, 2020. The State of Food and Agriculture 2020. Overcoming water challenges in agriculture[R]. Rome: FAO.

Grizzetti B, Lanzanova D, Liquete C, et al., 2016. Assessing water ecosystem services for water resource management[J]. Environmental Science & Policy, 61: 194-203.

Halliday S J, Skeffington R A, Wade A J, et al., 2016. Riparian shading controls instream spring phytoplankton and benthic algal growth[J]. Environmental Science: Processes & Impacts, 18(6): 677-689.

Hansen K, Rosenqvist L, Vesterdal L, et al., 2007. Nitrate leaching from three afforestation chronosequences on former arable land in Denmark[J]. Global Change Biology, 13(6): 1250-1264.

HLPE, 2015. Water for Food Security and Nutrition. A report by the High Level Panel of Experts on Food Security and Nutrition of the Committee on World Food Security[R].

Rome, Italy.

Hoekstra A Y, Mekonnen M M, 2012. The water footprint of humanity[J]. Proceedings of the National Academy of Sciences, Vol.109, No. 9, 3232-3237.

IPCC, 2014. Summary for policymakers. In: Climate Change 2014: Impacts, Adaptation, and Vulnerability. Part A: Global and Sectoral Aspects. Contribution of Working Group II to the Fifth Assessment Report of the Intergovernmental Panel on Climate Change[M]. [Field, C.B., et al (eds.)]. Cambridge, United Kingdom and New York: Cambridge University Press.

McDonald R, Shemie D, 2014.Urban Water Blueprint: Mapping conservation solutions to the global water challenge[R]. Washington, DC: The Nature Conservancy.

Meli P, Benayas J M R, Balvanera P, et al., 2014. Restoration Enhances Wetland Biodiversity and Ecosystem Service Supply, but Results Are Context-Dependent: A Meta-Analysis[J]. PLoS ONE 9(4): e93507.

Opperman J J, 2014. A Flood of Benefits: Using Green Infrastructure to Reduce Flood Risks[R]. Arlington, Virginia: The Nature Conservancy.

Osmond D L, Gilliam J W, Evans R O, 2002. Riparian buffers and controlled drainage to reduce agricultural nonpoint source pollution[R]. NC State University: NC Agricultural Research Service.

Postel S L, Daily G C, Ehrlich P R,1996. Human Appropriation of Renewable Fresh Water[J]. Science, 271(5250): 785-788.

Sabourin J F, Wilson H C, 2011.Twenty-year Performance Evaluation of Grass Swale and Perforated Pipe Drainage Systems[J]. Proceedings of the Water Environment Federation, (10): 6035-6059.

Stagnari F, Ramazzotti S, Pisante M, 2009. Conservation Agriculture: A different approach for crop production through sustainable soil and water management: A review[R]. E. Lichtfouse (ed.), Organic Farming, Pest Control and Remediation of Soil Pollutants. Sustainable Agriculture Reviews, Vol. 1. Dordrecht, The Netherlands, Springer, 55-83.

Stevens C J, Quinton J N,2009. Policy implications of pollution swapping[J]. Physics and Chemistry of the Earth, Parts A/B/C, 34(8-9): 589-594.

TEEB, 2009.The economics of ecosystems and biodiversity for national and international policy makers[R].

TNC, 2013.The Case for Green Infrastructure: Joint-Industry White Paper[R]. The Nature Conservancy, Dow Chemical, Shell, Swiss Re, Unilever.

Trémolet S, Kampa E, Lago M, et al., 2019. Investing in Nature for European Water Security[R]. The Nature Conservancy, Ecologic Institute and ICLEI, London, UK, 2019.

UNEP, 2016. A Snapshot of the World's Water Quality: Towards a global assessment[R]. United Nations Environment Programme, Nairobi, Kenya.

UNEP-DHI/IUCN/TNC, 2014. Green Infrastructure Guide for Water Management: Ecosystem-Based Management Approaches for Water-Related Infrastructure Projects[R].

WWAP, 2015.The United Nations World Water Development Report 2015: Water for a Sustainable World[R]. Paris, UNESCO.

Veolia, IFPRI, 2015. The Murky Future of Global Water Quality: New Global Study Projects Rapid Deterioration in Water Quality[R].

Vystavna Y, Frkova Z, Marchand L, et al., 2017. Removal efficiency of pharmaceuticals in a full scale constructed wetland in East Ukraine[J]. Ecological Engineering, Vol. 108 (Part A), 50-58.

WEF. 2020. Global risks report[R].

WHO, 2012. Global costs and benefits of drinking water supply and sanitation interventions[R].

WWAP, 2018.The United Nations world water development report 2018: Nature-Based Solutions for Water[R]. Paris, UNESCO.

白鑫，廖劲杨，胡红，等 .2020. 保护性耕作对水土保持的影响 [J]. 农业工程，10(08):76-82.

陈雷，2014. 新时期治水兴水的科学指南——深入学习贯彻习近平总书记关于治水的重要论述 [J]. 求是，2014(15):47-49.

TNC，2016. 中国城市水蓝图 [R].

国家统计局，2020. 2020 中国统计年鉴 [R]. 北京：中国统计出版社 :236.

胡洪营，孙迎雪，陈卓，等，2019. 城市水环境治理面临的课题与长效治理模式 [J]. 环境工程，37(10): 6-15.

联合国教科文组织，2019. 基于自然的水资源解决方案 . 联合国世界水发展报告 :2018[R]. 中国水资源战略研究会 (全球水伙伴中国委员会)，编译 . 北京：中国水利水电出版社 .

刘晶，鲍振鑫，刘翠善，等，2019. 近 20 年中国水资源及用水量变化规律与成因分析 [J]. 水利水运工程学报，2019(4): 31-41.

王浩，王建华，2012. 中国水资源与可持续发展 [J]. 中国科学院院刊，27(3):352-358, 331.

王谦，高红杰，2019. 我国城市黑臭水体治理现状、问题及未来方向 [J]. 环境工程学报，13(3): 507-510.

文湘华，申博，2018. 新兴污染物水环境保护标准及其实用型去除技术 [J]. 环境科学学报，38(3): 847-857.

吴初国，马永欢，池京云，2020. 水资源管理的转折 [J]. 国土资源情报，2020(9):23-27.

赵同谦，欧阳志云，郑华，等，2004. 草地生态系统服务功能分析及其评价指标体系 [J]. 生态学杂志，23(6):155-160.

中华人民共和国生态环境部，2020. 2019 中国生态环境状况公报 [R].

附表 方法和工具清单

方法	工具/报告	简介	链接
生态流 Enviro- nmental Flows	概述	针对电站蓄水和运行使坝下河段水文条件改变而引发的环境问题，科学控制水流和水量，在保障电站功能正常发挥的同时最小化对水生生态系统的影响	https://www.conservationgatewa-y.org/ConservationPractices/Freshwater/EnvironmentalFlows/Pages/environmental-flows.aspx
	生态流的实施框架 Three-Level Framework	帮助生态流项目确定最合适的方法、最重要的问题和不确定性，包括：制定全面的水文方法；专家委员会评估；检验与结果预测	https://www.conservationgatewa-y.org/ConservationPractices/Freshwater/EnvironmentalFlows/MethodsandTools/HierarchyMethod/Pages/three-level-hierarchy-env.aspx
	生态流项目的管理方法 the Savannah process	对特定地点的生态流项目进行评估、实施和适应性管理的方法。具体包括：建立伙伴关系、撰写报告、建立专家研讨会、方案的初步实施以及实施结果的监测等步骤	https://www.conservationgatewa-y.org/ConservationPractices/Freshwater/EnvironmentalFlows/MethodsandTools/TheSavannahProcess/Pages/savannah-process-0.aspx
	生态流项目决策支持工具 Ecological Limits of Hydrologic Alteration （ELOHA）	判断水文条件的改变对生态环境产生的影响，识别河流对水利开发等活动的敏感程度以及需要优先开展的修复项目	https://www.conservationgatewa-y.org/ConservationPractices/Freshwater/EnvironmentalFlows/MethodsandTools/ELOHA/Pages/ecological-limits-hydrolo.aspx

方法	工具/报告	简介	链接
生态流 Environmental Flows	水文工程中心河流分析系统 Hydrologic Engineering Centers River Analysis System(HEC-RAS)	该软件用于一维稳态或非稳态河流模型、底沙输送和水温模型的计算，通过该软件可获得对河流各种水文特性的模拟结果	https://www.hec.usace.army.mil/software/hec-efm/
	水库系统模拟 Reservoir System Simulation (HEC-ResSim)	该软件可以模拟水库在洪水、枯水、实行供水计划等多种条件下的运行操作，并且可以进行水库调度计划研究并提供实时决策支持	https://www.hec.usace.army.mil/software/hec-ressim/
	生态系统功能模型 Ecosystem Functions Model	用于判断河流或湿地水量调控对生态系统的影响。分析内容包括：1）从统计学的角度分析水文与生态系统的关系；2）建立水力学模型；3）用GIS系统展示空间信息，帮助确定最有潜质的保护区	https://www.hec.usace.army.mil/software/hec-efm/
	实时信息获取工具 Regime Prescription Tool (HEC-RPT)	该软件用来实时输入、查看和记录生态流；该软件可以实现实时绘图，便捷地获取水文信息	https://www.hec.usace.army.mil/software/hec-rpt/
水电可持续基金机制 Hydropower Compensation Funds		用于缓解生态保护与防洪需求及水电开发之间的矛盾，获得保护资金。通过合理调整流域洪水防控体系运行模式，通过合理的金融和经济模型设计，提升流域洪水风险控制能力，提高夏季用电高峰期水电产能，降低大坝运行对自然生态流量的影响，获得三个需求间的平衡	https://www.conservationgateway.org/ConservationPractices/Freshwater/FinancialSolutions/TypesofFinancialSolutions/HydropowerFunds/Pages/hydropower-compensation-f.aspx

方法	工具/报告	简介	链接
鱼类增殖放流和监测		用于改善淡水生态环境，恢复濒危鱼类和经济鱼类的种群数量。通过在保护水域放流特定品种的鱼苗，保障河流鱼类的种群数量，改善河流生态系统	http://tnc.org.cn/home/richproject?cid=7
水基金 Water Funds		水基金是通过下游的受益者为上游的保护项目投资来治理河流上游面源污染等问题的机制。河流下游的受益者提供资金支持上游开展保护项目，从而解决河流的面源污染等问题，保障下游的水质和充足的水量	https://waterfundstoolbox.org/
水蓝图 Freshwater Conservation Buleprint		水蓝图用于淡水优先保护区规划。主要内容包括：提供关于生物多样性、威胁、有利条件等的地图和信息；在给定区域建立伙伴关系；为保护行动筹款；在保护区域中设立子区域实行不同的保护方案	https://www.conservationgateway.org/ConservationPlanning/SettingPriorities/SettingFreshwaterPriorities/Pages/setting-freshwater-priori.aspx
流域方法手册 Watershed Approach Handbook		该手册提供完整的流域保护方法框架、相应的应用实例、数据资源清单，以及湿地河流恢复项目的指南和经验，用于指导湿地和河流恢复项目的选址和设计，以保证保护效果最大化	https://www.conservationgateway.org/ConservationPractices/Pages/watershedapproachhandbook.aspx
更多报告的延伸阅读：https://www.nature.org/en-us/what-we-do/our-insights/water-security/			

6

基于自然的
解决方案
减缓自然灾害
—
Nature-based Solutions
Mitigating Natural
Disasters

2020 年全球经历了人类历史上甚为罕见的新冠肺炎疫情。截至 2020 年 12 月，全球新型冠状病毒肺炎累计确诊病例突破 7 000 万例，累计死亡病例近 170 万例。最新一期《世界经济展望》指出，2020 年全球经济深度衰退，萎缩率近 4.4%（国际货币基金组织，2020）。

然而，大自然并没有因为疫情的暴发而停止对人类发出警告。中国南方遭遇的罕见洪涝灾害、澳大利亚与美国加州多地爆发的森林大火和非洲爆发的蝗灾，正在不断地刺激人们本就脆弱的意志。工业革命以来，人类活动不断破坏森林、草地、湿地和其他重要的生态系统，导致生态环境退化，显著改变了地球 75% 的无冰地表，污染了大多数的海域，且导致 85% 的湿地丧失（WWF, 2020）。与此同时，随着人类活动、海岸带开发建设和气候变化导致的关键生态系统急剧退化，削弱了其防灾减灾的功能。以海岸带为例，世界上 58% 的主要珊瑚礁位于 10 万人口以上城市的 25km 范围内，64% 的红树林分布在人口聚集中心附近（Hassan et al., 2005）。在过度捕捞、水质污染和沿岸开发建设（造成沉积物堆积或直接土地利用转化）等区域性威胁以及全球海水变暖和酸化的影响下，全球 30% ~ 50% 的滨海生态系统已退化（Zedler et al., 2005）。1980—2010 年，19% 的红树林已消失（Spalding et al., 2010），至少 75% 的珊瑚礁正面临威胁（Burke et al., 2011），85% 的牡蛎礁已消失（Beck et al., 2009）。以上这些不仅对生物多样性构成了严重威胁，还直接增加了生态系统面对灾害的脆弱性，致使沿海地区居民的生命财产安全受到不同程度的威胁。

除了《巴黎协定》和《变革我们的世界：2030 可持续发展议程》外，2015 年全球还通过了另一个重要的国际机制，即《2015—2030 年仙台减灾框架》（简称"仙台减灾框架"）。该框架确定了到 2030 年大幅降低灾害死亡率、减少全球受灾人数及直接经济损失等七大全球目标，制定了四项优先行动事项，包括提升对灾害风险的认识、加强政府治理灾害风险的能力、加大对灾害风险和韧性的投资和做好防灾及灾后修复重建工作。其中 NbS 可以在第三项和第四项优先行动中发挥巨大的作用（Sendai Framework, 2015）。

本章从灾害的定义出发，简要分析国内外灾害，特别是自然灾害的影响及发展趋势；深度解析 NbS 如何提升防灾减灾能力，并就关键自然灾害种类进行案例分析。最后，笔者就如何提升 NbS 在防灾减灾领域的贡献和地位提出具体的建议。

6.1　灾害的定义、影响和发展趋势

6.1.1　灾害的定义和主要类型

人类社会自诞生起就和不同的灾害进行斗争和妥协，因此针对灾害的研究由来已久。虽然不同机构和专家学者对于灾害的定义存在差异（表6-1），但多围绕灾害事件、损失及影响等进行解释说明，同时强调灾害是各种社会条件相互作用的产物。例如，发生在不同区域的灾害事件（如台风或地震等）对发达国家和发展中国家造成的影响截然不同，而这些差异则与致灾因子及承灾体的暴露度和脆弱性等变量相关，还与地区的防灾减灾能力有关。承灾体可以被理解为承受灾害的对象，致灾因子是指可能造成人员伤亡、财产损失和环境退化的各种自然现象和社会现象，灾害则表现为致灾因子与人类社会相互作用的结果（于福江等，2014）。无论是否考虑气候变化，暴露度和脆弱性的状态与趋势都是导致灾害风险变化的主要驱动因素（IPCC，2012）。

表 6-1　灾害的定义

联合国国际减灾战略	一个社区或社会功能被严重打击，涉及广泛的人员、房屋、经济或环境损失和影响，并超出受影响社区或社会系统利用其自身资源去应对的能力（UNISDR, 2009）
IPCC《极端灾害风险和适应特别报告》	由于危害性自然事件造成某个社区或社会系统的正常运行出现剧烈改变，这些事件与各种脆弱的社会条件相互作用，最终对人员、物质、经济或环境造成大范围不利影响，需要立即作出应急响应以满足危急中的人员需要，而且可能需要外部援助方可修复 (IPCC, 2012)
我国学者	灾害是一种在一定自然环境或社会环境背景下产生的，超出人类社会控制和承受能力、对社会造成危害和损失的事件，是自然与社会综合作用的产物（秦大河, 2015）

针对灾害的类型可以有不同的分类方法。从灾害发生的原因看，灾害可以分为人为灾害和自然灾害，人为灾害主要表现为社会现象，如战争、恐怖袭击、交通事故等；自然灾害表现为各种自然现象（郑大玮等，2013），包括以下几种主要的类型：

干旱：是指在较长时间内因降水量严重不足，导致土壤因蒸发而水分亏损、河川流量减少、干扰正常的作物生长和人类活动的自然灾害（郑大玮等，

2013）；

　　洪涝：是指大雨、暴雨、融雪等引起的山洪暴发、河水泛滥、海水增水、农田淹没及其造成的设施损毁；在我国不同区域表现形式不一样，中东部地区以暴雨洪水为主，沿海地区则主要表现为台风引起的暴雨与风暴潮造成的增水淹没（郑大玮等，2013）；

　　台风/飓风：是由热带气旋形成的，会为其登陆的海岸带带来严重危害，往往伴有狂风、暴雨、巨浪和风暴潮；

　　风暴潮：是强风和气压推动海水，导致短时间内海表水体异常上升，形成洪涝的现象（Storch et al., 2008）。可以是由热带气旋（例如台风）或是其他海上风暴引起的；若与天文潮大潮叠加，则更加严重，涌浪高峰甚至可能超过 7m（Bern et al., 1993；Flather，2001）；

　　海浪：主要包括风浪与涌浪，是在开放水域由于风的作用在海水表面形成的海浪，也包括由台风造成的强海浪；

　　海啸：是由海底地震、火山爆发等自然现象导致的海水呈长周期波动，会造成近岸海面大幅度涨落（自然资源部海洋预警监测司，2020）；

　　岸线侵蚀：是沉积层表层物质在水流作用下遗失而导致海岸线后退和海床下蚀的过程，其中在由风暴引起的海浪或海流影响下尤为严重（Winterwerp et al., 2005）。

6.1.2　全球主要自然灾害的影响和风险

　　联合国减灾署（UNISDR）及灾害流行病学研究中心（CRED）联合发布的《经济损失、贫困和灾害（1998—2017）》报告指出，1998—2017 年与气候及地球物理运动相关（例如地震和海啸）的自然灾害共导致全球约 130 万人死亡，44 亿人受伤、无家可归或需要紧急援助，其中与气候相关的灾害事件占绝大多数（图 6-1）。

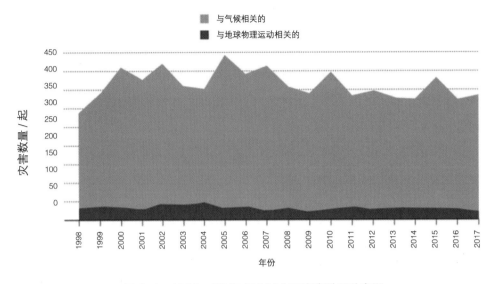

图 6-1　1998—2017 年全球主要灾害数量分布图

数据来源：UNISDR（2018）。

在气候变化背景下，灾害的强度和频率有所增加，例如频发的干旱和热浪（如我国西南地区 2010 年爆发的百年一遇的干旱，2019—2020 年在澳大利亚和美国加州多地爆发的山火）和降雨分布不均引起的洪涝灾害（如 2020 年我国南方遭受的特大洪涝灾害）等，这些都与人类活动以及气候变化有关。

通过分析 1997—2017 这 10 年间《仙台减灾框架》成员国的灾害相关数据发现，洪涝是造成人员伤亡的最主要原因之一，特别是和海岸带相关的灾害，占比接近 50%（图 6-2）。

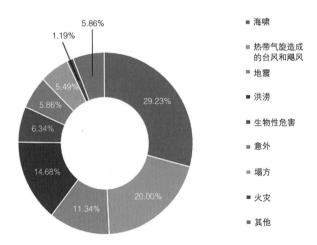

图 6-2　1997—2017 年仙台减灾框架成员国灾害致死原因分布图

数据来源：UNDRR（2019）。

　　除造成人员伤亡外,灾害还会造成严重的财产损失,加剧脆弱人口的贫困状况,形成新的社会不稳定因素。1980—2017 年的灾害损失统计数据显示,全球自然灾害造成的整体经济损失和灾害造成的保险业经济损失均呈现增长趋势(图6-3,上)。在所有灾害事件中,洪涝、台风和飓风等造成的经济损失最为严重,占比约40%(图6-3,下)。

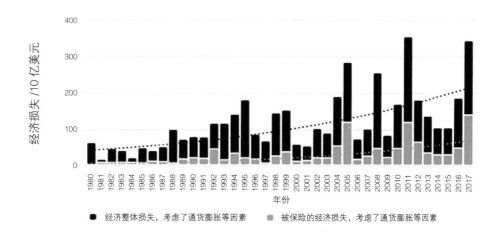

● 经济整体损失,考虑了通货膨胀等因素　　　　● 被保险的经济损失,考虑了通货膨胀等因素

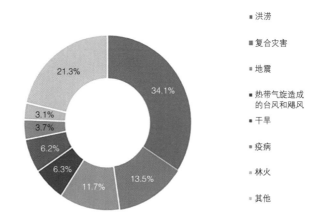

- 洪涝
- 复合灾害
- 地震
- 热带气旋造成的台风和飓风
- 干旱
- 疫病
- 林火
- 其他

图 6-3　上 1980—2017 年《仙台减灾框架》成员国整体的灾害损失和灾害造成的保险业损失

走势图,下 2005—2015 年全球 83 个国家所受灾害造成的经济损失分布图

数据来源:UNDRR(2019)。

　　台风、飓风和海啸造成的人员伤亡和财产损失巨大,究其原因,这与近年来全球沿海地区的人口显著增长紧密相关。2010 年全球 19 亿人居住在距离海岸线

不到100km的区域，占全球总人口的28%，预计到2050年这一数据将超过24亿人；仅生活在海拔低于10m的沿海低洼地区的人口就有6.8亿人（IPCC，2019）。沿海地区的大多数人口都集中在人口密度高的城市中，例如，在2010年全球30个人口数量超过500万人的大型城市中，有17个分布在沿海地区（Kummu et al.，2016）。上述海岸带灾害对沿海地区的经济发展带来了严重的负面影响。过去10年间，保险行业赔付了超过3 000亿美元的海岸带灾害险，用于重建海岸带应对风暴和洪涝的基础设施（World Bank，2016）。到2050年，预计全球海岸带城市每年遭受的洪涝灾害将造成100万亿美元的损失（Hallegatte et al.，2013）。

6.1.3　我国主要自然灾害的影响和风险

我国地域辽阔，属于自然灾害多发的国家之一。我国境内的自然灾害以洪涝、台风（及其造成的风暴潮和海浪）为主，此外干旱、风雹、地震、冰雪灾害等也时有发生。随着基础设施的改善和管理水平的提高，过去近15年间 (2005—2019)自然灾害造成的人员伤亡有所下降，除2008年外，自然灾害造成的财产损失基本稳定或仅略有升高（图6-4）。

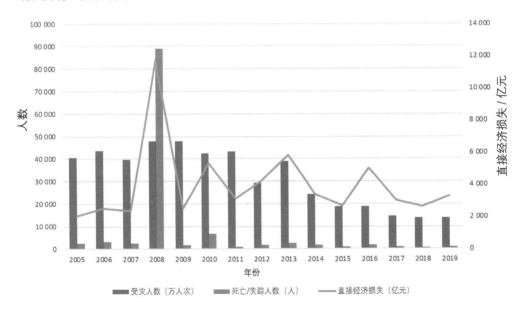

图 6-4　2015—2019 年全国自然灾害情况统计图

数据来源：国家统计局，2005-2009 环境统计数据；2010-2019 统计年鉴。

与国际上灾害造成的经济损失分布趋势类似，台风引起的海岸带灾害以及沿海或内陆的洪涝灾害在我国波及范围最为广泛。国家应急管理部（2019）数据显示，我国 2018 年遭受的主要自然灾害造成的经济损失中，洪涝及台风占比最大，总和超过 50% 以上（图 6-5）。

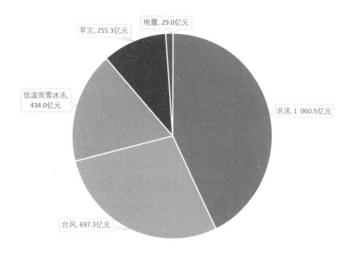

图 6-5　2018 年全国自然灾害造成的直接经济损失分布

数据来源：应急管理部（2019）。

我国的海岸线全长约 18 000km，全国 70% 以上的大中城市都集中于沿海地区，东部沿海的省（市）更是在全国 GDP 排行中名列前茅，是我国经济最活跃、人口聚集程度最高的地区（王春子等，2013）。由于东部沿海地区聚集了大量的人口和社会财富，我国也是世界上受海洋灾害影响最严重的国家之一，具有灾害种类多、分布广、频率高、损失大等特点，严重威胁着我国沿海地区人民群众的生命财产安全和生态文明建设，成为制约沿海经济社会发展的重要因素之一。近 10 年来（2010—2019 年）海洋灾害导致我国沿海地区直接经济损失 1 001.22 亿元，死亡（含失踪）628 人，其中仅 2019 年海洋灾害造成的直接经济损失就达 117.03 亿元。我国的海洋灾害中，以风暴潮和海浪这两种海岸带灾害为主。2010—2019 年，风暴潮灾害在我国造成的直接经济损失约为 860 亿元，约占海洋灾害总直接经济损失的 86%。海浪灾害是我国发生最频繁的海洋灾害类型，造成的死亡（含失踪）人数最多，占海洋灾害死亡人数的 90% 以上（自然资源部海洋预警监测司，2011—2020）。随着全球气候变化，风暴潮、咸潮、海平面上升、海岸带侵蚀等海洋灾害的致灾程度将会进一步加剧（于福江等，2014）。

6.2 利用 NbS 减缓自然灾害

6.2.1 减灾框架和国际减灾发展趋势

减灾指通过减轻或限制致灾因子，减少承灾体暴露度和脆弱性的行动。减灾的根本目的是保护人民生命财产安全，维持生产生活、资源环境和社会的稳定；其基本原则是以预防为主，实行综合减灾（包括工程和非工程性质的减灾行动、政策激励和管控以及市场经济调控等手段），需要科学地管理以最大化地发挥各类减灾措施的成效，同时促进政府、企业、社会团队和民众积极参与，形成减灾社会化（郑大玮等，2013）。减灾的全过程，可以分为灾前、灾中和灾后三个阶段（图6-6），可将其简要概括为"防、抗、救"三个关键词（郑大玮等，2013）。了解减灾框架可以帮助读者更好地理解 NbS 如何在灾害治理过程中发挥潜力和作用。

图 6-6   减灾的全过程管理示意图

减灾行动主要包括工程措施和非工程性质的措施。工程措施是减灾行动中的硬件，是减轻灾害损失的主要物质基础。中国政府一向重视减灾工程措施，投入巨大，取得的成效显著。但是需要认识到，减灾工程会随着设施陈旧而需要大量维护，否则可能失效；另外，部分防灾减灾工程不可能在短期内全部建成，即使是正在建设的工程，也需要进一步完善管理与配套设施，并且在安全运行一段时间后才能发挥预期的减灾效果。受气候变化的影响，与天气有关的灾害事件的频率和强度正日益增加，甚至有可能超过原有工程的设计标准和阈值，因此需要结合非工程措施（如适应性管理和生态减灾措施），以最大化发挥现有工程的减灾能力，并弥补其不足（郑大玮等，2013）。其中生态减灾措施是基于自然的减灾方式，可以在灾前预防和灾后重建阶段发挥特殊的贡献和作用，成为工程措施的有效补充或替代。

国际减灾工作大致经历了被动减灾、单灾种减灾、综合减灾和灾害风险管理等若干发展阶段。主要的减灾行动可以追溯到 20 世纪 60 年代初，其特点是盲目、被动，主要以针对独立灾害事件开展灾后救援和国际援助行动为主；70 年代左右开始关注灾前预防工作，成立了联合国减灾办公室并不断进行能力建设[1]；到了 80 年代，减灾工作的亮点体现在 1984 年美国科学院院长提议在世界范围内开展的"国际减灾十年行动"，很快得到了各国政府、学术团队和联合国机构的支持，在 1987 年第 42 届联合国大会决定把 20 世纪末的最后 10 年定为"国际减灾十年"，并通过了《国际减灾计划》。2005 年第二次世界减灾大会上，168 个国家和主要的发展及人道主义组织签署了《兵库行动框架》，呼吁就 2015 年后全球减灾方案达成一致（图 6-7）。

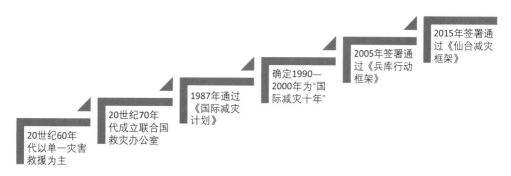

图 6-7　国际防灾减灾工作的发展演变示意图

2015 年，除上述《仙台减灾框架》的通过外，同年在联合国气候大会上超过 190 个国家通过的《巴黎协定》中，对减少灾害损失也有所涉及。这两个全球层面框架的共同目标是加强社区（尤其是脆弱地区）在各种环境和挑战中的韧性，同时在灾后将社区建设得比原来更好。

随着科技发展和人类社会的互联互通，灾害治理工作也在不断地更新和迭代，治理模式从过去单一的、静止的模式转变为主动预防，且关注更为复杂的系统风险，

1　https://www.undrr.org/about-undrr/history#60s.

同时动态地考虑气候变化带来的新特点和新变化。《减少灾害风险全球评估报告（2019）》指出，仅关注灾后救援的时代已经结束，目前全球需要系统地了解未来的风险，做到未雨绸缪（UNDRR，2019）。2018年我国机构改革后成立应急管理部，也体现出我国在整合优化应急力量和资源，建立中国特色应急管理体制，提高防灾、减灾、救灾能力的决心。上述这些新趋势都给 NbS 减灾的推行提供了可能性和空间。

6.2.2   基于生态系统的减灾措施

为有效降低灾害风险及损失，需要工程和非工程的减灾措施兼施。然而，由于缺乏成熟的科学理论指导或技术支撑，多数国家，特别是发展中国家，一般更注重工程措施，往往容易忽略非工程措施在灾害管理中的价值和作用。从全球灾害治理工作来看，对于 NbS 的认识和重视程度还十分有限。例如，2004—2013 年，全球共投入近 1 980 亿美元的经费用于建设海岸带硬质灰色防护工程，其中仅 140 亿美元（不足 10%）用于保护或修复海岸带生态系统这样的生态减灾措施上。如果能将用于灰色工程资金的 10% 投入到保护和修复海岸带生态系统上，那么就可在有效提升防灾减灾能力的同时收获其他生态系统服务功能（McCreless et al.，2016）。

近年来，基于生态系统的灾害风险减缓（Eco-Disaster Risk Reduction, Eco-DRR)在风险管理中开始受到国际社会的关注。Eco-DRR 指通过对生态系统的保护、修复和可持续管理，以在减少灾害风险的同时系统性地提升韧性[1]。Eco-DRR 倡导利用生态系统服务功能，降低承灾体的暴露程度，减少其面对风暴、洪涝、干旱等灾害时受到的冲击。

---

1   https://www.iucn.org/theme/ecosystem-management/our-work/environment-and-disasters/about-ecosystem-based-disaster-risk-reduction-eco-drr.

案例

15

美国费城绿色雨洪设施减灾效益评估

美国费城是宾夕法尼亚州人口最多、面积最大的城市之一。2010—2014 年，费城人口从 152 万增加至 156 万。伴随人口增长和城镇化进程，城镇及周边土地利用状况发生改变，水泥路面、柏油路面、屋顶等"不透水表面"的面积大幅度增加，致使雨水难以渗透，地表径流汇流时间缩短，洪峰流量增大，形成城市洪涝、污水溢流等问题。同时，雨水冲刷地表沉积物会引起地表径流污染，加重城市水体及自然流域污染。这一系列水患问题威胁着公共卫生安全和居民健康 [1]。

20 世纪 80 年代中期，雨水和城市污水被确认为全美范围内水体污染的主要来源。1987 年的联邦《水质法案》修正案，即《清洁水法案》将雨污排放纳入了"国家排放污染物消除制度"，要求地方政府采用最佳管理措施对雨水水质进行控制和管理。在此背景下，美国国家环境保护局颁布了两期雨洪管理规定，旨在治理建筑工地和城市化进程中造成的雨洪内涝和污染。第一期规定于 1990 年通过，着眼于费城等大型城市，力求减少都市污水和雨洪径流造成的污染；第二期规定于 2000 年获得批准，于 2005 年进行了修订，在第一期的基础上拓展了规定涵盖的领域，纳入了更多中小型城市。

按照美国国家环境保护局的要求，费城于 1997 年制定了《雨水治理长期控制方案》，在完成对多个传统雨洪设施的改造项目并开展绿色雨洪设施的试点后，于 2009 年对《雨水治理长期控制方案》进行修订，加入了更多生态修复和流域治理等优化措施。作为先行者，费城于 2011 年正式启动了以建设"美国最环保城市"为目标的"绿色城市，清洁水域"项目，简称 GCCW 项目。该项目强调从源头减

1　本案例的主要内容来自 TNC（2016 年）整理总结的《费城雨洪管理案例报告》，相关信息参见 www.nature.org/en-us/about-us/where-we-work/united-states/pennsylvania/stories-in-pennsylvania/natural-solutions-to-stormwater/.

少雨污混合、降低雨洪对城市排水系统的负面影响，强调使用绿色设施改造城市不透水表面。同时，该项目还强调将费城的流域治理融入社会经济发展的大框架，实现经济、社会和环境效益最大化。

GCCW 设定的目标是在 25 年内将费城地区至少 1/3 的不透水表面改造成"绿色英亩"（Green Acre），从而在每次降雨过程中通过绿色雨洪设施就地消纳至少 1 英寸降雨量，年平均减少 85% 的雨洪径流量。为落实目标，费城将主要的任务分解为三个类型，即分别针对公有土地的政府投资项目、私有土地上新开发或再开发的房地产项目的改造以及私有土地上现有建筑的自愿翻修与改造项目。

2012 年，由 NRDC、TNC 和 EKO 资产管理伙伴咨询公司联合对前期的试点项目进行分析和总结。分析认为绿色雨洪设施可以实现经济、社会和环境等多重效益。体现在绿色雨洪设施的改造和安装能够创造一系列"绿色岗位"，每年平均招聘 250 人，减少失业和贫困人口；提升流域空间的休闲娱乐功能（例如滨水公园和溪流的来访人数将提升 10%），提升社区生活质量（预计未来 45 年内公园和绿地周边地产将增值 3.9 亿美元；预计安装绿色雨洪设施后房价将增长加 2% ~ 5%）；缓解城市热岛效应，为城市降温，减少过热引发的健康问题（预计在未来 45 年内减少 140 起过热死亡事件），吸收空气中的臭氧和污染颗粒物等。此外，"绿色英亩"项目提供的树荫和植被能够减少建筑供暖和制冷所需能耗、减少管道、下水道等储蓄、输送和处理雨水时的能耗，同时项目预计增加的植被能够吸收 55 000tCO$_2$，相当于每年减少 3 400 辆机动车 (NRDC, 2013)。

预计 GCCW 项目实施 45 年后，带来的收益将超过投入成本。相比较而言，如果仅使用传统的基础设施，如水管、下水道等，减少等量的雨洪污染需要多花数十亿美元且不能立刻生效，而且也不具备其他额外的社会和环境效益。

6.2.3　利用绿色基础设施管理洪泛区

针对河流泛滥造成的洪涝灾害，目前全球范围内主要是利用传统的灰色工程（包括修建大坝、水库、防洪堤坝和改造河道等）手段降低流域洪涝灾害风险。但这恰恰严重削弱了陆地上最重要的生态系统之一，即连接河流之间的洪泛区（漫滩），以及其生态系统服务功能。从非洲、美洲到亚洲，洪泛平原不仅给居住在附近的人口提供了丰富的水产品、粮食等食物（Opperman, 2014），还可以起到补充地下水、提供栖息地、隔离营养物和沉积物从而改善下游水质等作用。

在河道周围建设灰色基础设施无形中阻隔了河道和洪泛区的连接，导致河流的生产力和生物多样性大大降低。那么这是否意味着洪泛区和人类的防洪措施始终存在不可调和的矛盾？答案是否定的。合理地利用绿色基础设施可以让洪泛区得以恢复其原有的生态系统服务功能，成为灰色防洪措施的良好补充。

森林或湿地都可以发挥类似于"海绵"的功效。森林具有庞大的树冠和深入土层的强大根系，还具有枯枝落叶层和疏松的土壤。大气降水首先受到林冠层的截留和蒸发，同时林内降水的动能降低，减少了雨水对地面的冲击和冲刷；林内降水再通过地面枯枝落叶层截留后渗入土壤，通过林地土壤丰富的非毛管孔隙快速下渗到深土层储存。因此森林的储水能力是裸地的数倍，被称为最"廉价的水库"。湿地被誉为"地球之肾"，具有调洪调蓄的功能。尽管内陆湿地只覆盖全球约2.6%的土地面积（包括河流和湖泊在内的湿地），但单位面积湿地在水文上发挥着巨大的作用。湿地可以补给地下水、调节洪水流量、稳定泥沙和水质，多雨季节过量的水被湿地储存起来，直接减少了下游的洪水压力。

案例

16

Emiquon 湿地保护和修复，修复洪泛区功能

Emiquon 湿地位于密西西比河的支流伊利诺伊河流域境内，由 Emiquon 保护区、Emiquon 国家野生动物避难中心和 Chautauqua 国家野生动物避难中心三部分组成，总面积 1.4 万英亩（TNC，2013）。其中，密西西比河有淡水鱼类 400 余种，为北美 60% 的迁徙水鸟提供重要的栖息环境。Emiquon 湿地修复项目是 TNC 大河伙伴项目（The Great Rivers Partnership, GRP）之一。该伙伴项目成立于 2005 年，是 TNC 在全球的优先重点项目[1]。

Chautauqua 野生动物避难中心（CNWR）生境类型以湖泊河流湿地为主，是重要的鸟类栖息地，Emiquon 国家野生动物避难中心（ENWR）拥有草原、湿地、洼地森林等多种生境类型，有常见水鸟 28 种，鸣禽 100 多种。

由于保护区周边农业主要采用传统的生产方式，没有对农业和密西西比河的径流进行可持续管理，导致水文、水质、营养循环、流量、河流的纵横连接等发生极大改变，生态环境退化。因此需要和地方多部门沟通协调，推进农业的可持续发展，鼓励该地区修复洪泛区功能，减少河流因基础设施扩张而受到的一系列威胁。

从 20 世纪 90 年代开始，TNC 团队进行了一系列努力，包括收购 Emiquon 附近的土地开展修复、保护和管理等工作。针对保护生物多样性和降低洪涝造成的影响设立了两大具体目标：①改变该区域现有农田土地利用方式，以修复 Emiquon 附近的草原、森林、湿地系统的生态环境，为野生动植物提供良好生境；②通过科学管理，连接 Emiquon 与伊利诺伊河，修复 Emiquon 的洪泛功能，减缓

1　本案例的信息主要来自 TNC(2013 年) 整理总结的《Emiquon 湿地保护修复管理情况案例报告》，其他信息参见 www.nature.org/en-us/about-us/where-we-work/united-states/illinois/stories-in-illinois/emiquon-reconnected-to-the-illinois-river/.

洪涝可能造成的不利影响。

针对第一个目标，TNC 主要开展的活动包括加强物种监测系统，建立野外监测站；转变农田原有的土地利用方式；通过和伊利诺伊自然资源部门签订鱼类管理协议，清除外来鱼类物种，投放 160 万条本地鱼苗，以修复多样的本地鱼类群落；种植 218 英亩的湿地草原和 405 英亩的洼地硬木林等。

针对第二个目标，TNC 开发了计算机模型以指导修复和管理，辅助决策。模型主要从水文和泥沙量等方面评估不同湿地修复方案的成效，同时加强连通附近两个湖区，逐步修复河流之间的水文联系，通过可控装置和管理，使得大多数水生生物能够进入洪泛平原栖息地繁衍生活。此外，项目还尝试减少人类对于水体的干扰，包括关闭农业抽水用泵、停止低地向外排水进而维持 Thompson Lake 的湖水水位，加强对 Emiquon 湿地进行规范化园区、垂钓、捕猎、划船等方面的管理，并建立相应的管理制度等。

Emiquon 湿地修复项目作为"大河伙伴项目"中密西西比河流域的冲积洪泛平原与河流风险管理目标的先行项目，对于世界河流管理发挥重要的示范意义。经过多年的保护和修复工作，Emiquon 由一个以农耕为主的农场，已经被修复为相对稳定的湿地、草原、森林复合生态系统。目前，已修复本地湿地草原 218 英亩，洼地硬木林 405 英亩，Emiquon 湖水面积达 4 800 英亩。

6.2.4　利用海岸带生态系统应对海岸带灾害风险

降低海岸带气候风险的措施可能包括：改变海岸带开发建设空间布局、开发海洋灾害预警响应系统以及建设并强化海岸带防护设施（Mcivor et al., 2012）。针对主要的海岸带灾害，传统海岸带防护设施中，海堤、海墙、防波堤等硬质工程或灰色基础设施被广泛应用，但是存在着维护成本高和难以更新的问题，还可能对生态环境造成负面影响（World Bank, 2016）。

大量研究表明，海岸带生态系统在抵御海岸带灾害方面发挥着重要的作用（图 6-8）。红树林、盐沼湿地、海草床、珊瑚礁、牡蛎礁等海岸带生态系统能够有效消浪缓流、护淤促滩，并可以适应海平面上升，从而减少风暴、洪涝与岸线侵蚀对沿海社区和设施带来的破坏（Losada et al., 2018）。其中红树林、海草床和盐沼等能够稳定水中的泥沙颗粒，作为缓冲带减缓海浪对海岸的冲击。近岸潮下带的珊瑚礁和牡蛎礁能够起到类似防波堤的物理防护效果。这些生态系统还能够通过增加下垫面摩擦阻力起到消浪缓流的作用[1]。

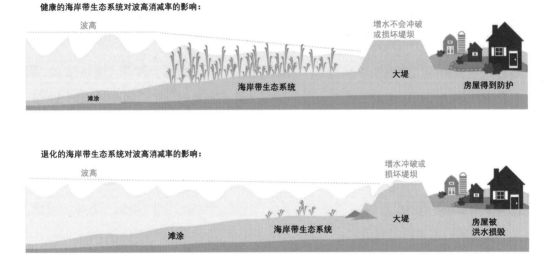

图 6-8　海岸带生态系统对海岸带设施的影响示意图

　　研究表明，海岸带生态系统平均可以消减波高的 35% ~ 71%（Narayan et al., 2016）。就红树林来说，其防护效益体现在其消减风浪与涌浪的波高、降低风暴潮高峰水位、减弱海面风速等作用。红树林的物理结构特征，尤其是它们的气生根，增加了海浪通过的生物体密度（即阻挡物），从而起到消减波浪能的作用；红树林还提高了下垫面粗糙度，增加了摩擦阻力，从而进一步降低水流速度；另外，红树林林冠也通过降低风速，减少了风浪的形成。据研究，100m 和 500m 宽的红树林带可分别消减波高 13% ~ 66% 和 50% ~ 99%（McIvor et al., 2012）。面对风暴潮，每千米宽的红树林带可降低 4 ~ 48cm 水位（Krauss et al., 2009；Zhang et al., 2012）。弱风（<5m/s）和强风下，红树林可分别减低风速 85% 和 50% 以上（陈玉军等，2012）。红树林甚至可以在一定程度上抵御海啸灾害，降低其洪涝深度、流速、增水高度和淹没范围等。通过数值模型预测，数百米宽度的红树林可以使海啸造成的洪涝深度降低 5% ~ 30%（World Bank，2016）。

　　珊瑚礁可消减高达 97% 的波浪能（Ferrario et al., 2014）。造礁珊瑚产生的大

1　https://coastalresilience.org/.

量碳酸钙外骨骼所形成的高大立体的礁体，可以通过物理阻挡使海浪破碎，同时在水流通过时增加下垫面摩擦阻力，起到与低矮防波堤相似的海岸线防护作用，甚至能在如台风、飓风等热带气旋通过时提供关键的防护作用（World Bank，2016）。而盐沼湿地对波高的消减率最高可达 72%，海草床为 36%（Narayan et al., 2016）。

海岸带生态系统作为海岸带防护的一种手段，无论是单独作为防灾减灾的绿色基础设施，还是与其他防护措施（如海堤等工程结构）共同构成"灰—绿"复合型的生态海防体系，在减少灾害风险方面都能起到重要作用，加强海岸带的生态和社会经济韧性（Lewis，2005）。

利用海岸带生态系统进行防灾减灾的措施需要因地制宜，依据当地海岸带灾害风险、社会经济损失和自然生态系统状况，在综合考虑成本效益的情况下，识别在哪里、以何种形式的 NbS 能够最适宜地减缓海岸带灾害影响（Ferdaña et al., 2010）。为此，TNC 自 2007 年起，与包括自然资本项目（Natural Capital Project）、ESRI（地理信息系统技术提供商）在内的多方合作伙伴一起，开发了海岸带韧性工具（Coastal Resilience）。该工具由一套基于网页的模型和制图应用组成，用于评估海岸带灾害风险及其分布，并提出基于自然的减灾行动建议，旨在帮助规划单位、政府机构以及周边社区制定规避风险的海岸带空间规划与防灾减灾策略。其中的应用包括预测不同气候变化情景下海平面上升的工具；通过模拟暴露度（如地形、地貌、波高、风向等自然因素）和脆弱性（如财产分布和人口密度等社会经济因素）计算灾害风险的评估工具；通过模拟不同海岸带生态系统（珊瑚礁、红树林、海草床、盐沼湿地和牡蛎礁）消减波浪能，量化其减灾效益的工具 [1]。

目前这套工具在全球已经有超过 100 个社区参与，涉及 11 个国家，包括美国 17 个沿海州、加勒比海的格林纳达、墨西哥以及亚太地区的澳大利亚等地，为当地采用基于自然的防灾减灾方案提供了理论依据。

---

1   https://coastalresilience.org/.

案例

17

美国亚拉巴马州牡蛎礁生态减灾最佳修复点的识别

位于美国墨西哥湾北部的亚拉巴马州，其海岸带地区曾分布着超过 3m 高的潮下带牡蛎礁，防护着海岸线上的盐沼湿地不受侵蚀，也为海草床的生长提供了清洁的水质和平静的生长环境（Scyphers et al., 2011）。然而，据美国大气与海洋局（NOAA）统计，墨西哥湾的牡蛎礁已经减少了 50%，随之而来的是盐沼湿地、海草床以及滩涂的大面积退化——部分海岸线因侵蚀而流失的速率最高可达每年 1.86m（Jones et al., 2012）。按该州 600 英里的海岸线长度计算，预计在 50 年内将损失 18000 英亩土地，价值 18 亿美元（Ysebaert et al., 2019）。

在墨西哥湾漏油事件后，由 TNC 牵头的海岸带修复联盟在亚拉巴马州共同发起了"100—1000：修复亚拉巴马州海岸"项目，旨在修复 100 英里的牡蛎礁，进而稳固海岸线，促进 1 000 英亩的盐沼湿地与海草床恢复（Ysebaert et al., 2019）。利用海岸带韧性工具，TNC 识别出要修复的 100 英里由牡蛎礁组成的"防波堤"最具效果的位点。除了使用上述风险评估工具识别受灾严重的区域外，还应用了"修复指南"工具，根据牡蛎生长所需的环境因素与生态条件、社会经济条件（如就业率）以及受灾情况（如岸线侵蚀速率）等，分析出生态减灾修复项目最适宜的地点 [1]。

目前，已有 10 个牡蛎礁"防波堤"通过现有修复技术实施落地，总长度达到 3 600m，保护着 2 英里的海岸线。监测表明，该牡蛎礁修复项目有效减缓了岸线侵蚀。例如，在 Swift Tract，历史上（1957—1981）岸线侵蚀速度为每年流失 0.35m，而在牡蛎礁修复 4 年后降低到每年仅流失约 0.02m（Ysebaert et al., 2019）。除了

1　https://coastalresilience.org/.

防灾减灾外,该牡蛎礁修复项目也为当地社区带来了就业机会,为有经济价值的鱼、虾、蟹等生物提供栖息地,促进了当地商业捕捞和休闲海钓等相关产业的发展。

6.2.5　NbS 减缓灾害的经济价值

从经济学角度上定量评估生态系统所提供的防灾减灾效益的价值,能够为这些生态系统的保护与修复工作提供更多的依据,也便于在规划时期就考虑将 NbS 纳入行动方案中。对比洪泛区修复与其他河流流域防灾减灾措施,在防护效果相当的情况下,测算显示修建堤坝或其他的灰色工程措施需要比利用 NbS 保护洪泛区多投入 10 倍以上的资金(Opperman, 2014);在海岸带防灾减灾上,据世界银行导则推荐的"预期损失模型"(Expected Damage Function,EDF)的模拟分析表明,全球红树林每年保护着 1 800 万人和价值 820 亿美元的财产免于受灾(World Bank, 2016)。以我国为例,如果没有红树林,沿海风暴每年将会造成 190 亿美元(即 1 340 亿元人民币)的额外经济损失 (Losada et al., 2018)。在全球范围内,珊瑚礁每年则能够避免 40 亿美元的预期经济损失,保护着超过 20 万人口的生活安全。一般在热带地区人工建造防波堤的成本平均为每米 1.98 万美元,而珊瑚礁修复项目每米平均成本仅需 1 290 美元(Ferrario et al., 2014),如果没有珊瑚礁,海岸带灾害每年造成的损失将会翻倍(Beck et al., 2018)。对比修复后的生态系统与传统建造的防波堤,在消波率相仿的情况下,在越南修复红树林的项目比建造防波堤的成本低了 5 倍;欧洲和美国的部分盐沼湿地修复项目也比硬质工程便宜了 3 倍(Narayan et al., 2016)。

6.3　在减灾领域提升 NbS 应用的主要建议

通过以上分析,可以深入地了解 NbS 如何实现防灾减灾以及提升生态系统韧性,此外 NbS 低投入、高产出,且兼顾了多重社会和生态效益。为加强和提升 NbS 在防灾减灾领域的应用,笔者提出以下建议:

(1)在推进《仙台减灾框架》的目标和行动过程中,提升对于 NbS 的认识和关注,引导更多的国际资金支持利用 NbS 开展的防灾减灾工作;号召发展中国家和地区利用 NbS 开展减灾行动。又因为很多发展中国家既是生态环境最丰富的地区,也是最脆弱的地区,所以应优先予以支持。在国家层面的行动也同样需要优先考虑在欠发达地区支持开展 NbS 行动。

（2）发展支持 NbS 应用于减灾领域的科学研究和技术支撑。针对主要的灾害类型，通过使用历史数据、模型、大数据平台等，加强关于"灰—绿"措施的减灾效果的模拟分析和监测，科学合理地设计和实施综合减灾方案，做到该灰则灰，该绿则绿。

（3）及时梳理总结防灾减灾领域的 NbS 国内外案例，分享和学习国际最新进展和经验，积极与发展中国家分享和交流经验。

（4）针对重大灾害，特别是海洋灾害，建议在海防体系中更多且因地制宜地采用 NbS，鼓励通过研究和试点推动更多的"灰—绿"结合的海岸带防护体系，例如生态堤；关注海岸带生态系统的灾后修复工作，以维持其防护效益；在土地利用和开发建设的空间规划中，应充分考虑并结合 NbS 的减灾效益，预留出海岸带生态系统的生长空间；挖掘针对海岸带生态系统减灾效益出现的可持续创新金融机制，如在 GDP 计量体系中纳入生态减灾的经济价值、巨灾保险和自愿交易市场等模式（World Bank，2017；Shepard et al.，2016）。

参考文献

Beck M W, Brumbaugh R D, Airoldi L, et al., 2009. Shellfish Reefs at Risk: A Global Analysis of Problems and Solutions[R]. The Nature Conservancy, Arlington VA. P52.

Beck M W, Losada I J, Menéndez F, et al., 2018. The global flood protection savings provided by coral reefs[J]. Nature Communications. 9: 2186.

Bern C, Sniezek J, Mathbor GM, et al.,1993. Risk-factors for mortality in the Bangladesh cyclone of 1991[J]. Bulletin of the World Health Organization, 71(1): 73-78.

Burke L M, Reytar K, Spalding M, et al., 2011. Reefs at Risk Revisited[R]. Washington, DC: World Resources Institute.

Ferdaña Z, Newkirk S, Whelchel A W, et al., 2010. Building Resilience to Climate Change: Ecosystem-based Adaptation and Lessons from the Field[R]. Building Interactive Decision Support to Meet Management Objectives for Coastal Conservation and Hazard Mitigation on Long Island, New York, USA. Gland, Switzerland: IUCN. 72-87.

Ferrario F, Beck M W, Storlazzi C D, et al., 2014. The Effectiveness of Coral Reefs for Coastal Hazard Risk Reduction and Adaptation[J]. Nature communications, 5: 3794.

Flather RA,2001. Storm surges. In Encyclopaedia of Ocean Sciences[R] (eds Steele, J.H., Thorpe, S.A. and Turekian, K.K.). Academic Press, London and California. Vol. 5: 2882-2892.

Hallegatte S, Green C, Nicholls R J, et al., 2013. Future flood losses in major coastal cities[J]. NatClim Chang. Nature Publishing Group 3: 802-806.

Hassan R M, Scholes R J, Ash N, 2005. Ecosystems and human well-being: current state and trends : findings of the Condition and Trends Working Group of the Millennium Ecosystem Assessment[R]. Washington, DC, Island Press, 513-549.

IPCC, 2012. Summary for Policymakers. In: Managing the Risks of Extreme Events and Disasters to Advance Climate Change Adaptation:A Special Report of Working Groups Ⅰ and Ⅱ of the Intergovernmental Panel on Climate Change[R]. Cambridge University Press, Cambridge, UK, and New York, NY, USA, 1-19.

IPCC, 2019. IPCC Special Report on the Ocean and Cryosphere in a Changing Climate[R]. In press.

Jeffrey J O, 2014. A Flood of Benefits: Using Green Infrastructure to Reduce Flood Risks[R]. Arlington, Virginia:The Nature Conservancy.

Jones S C, Tidwell D K, 2012. Comprehensive Shoreline Mapping, Baldwin and Mobile Counties, Alabama: Phase Ⅲ [R]. Geological Survey of Alabama, Tuscaloosa, Alabama.Ogb.state.al.us.

Krauss K W, Doyle T W, Doyle T J, et al., 2009. Water level observations in mangrove swamps during two hurricanes in Florida[J]. Wetlands, 29(1): 142-149.

Kummu M, De Moel H, Salvucci G , et al., 2016. Over the hills and further away from coast: global geospatial patterns of human and environment over the 20th-21st centuries[J]. Environmental Research Letters, 11(3): 034010.

Lewis R R, 2005. Ecological engineering for successful management and restoration of mangrove forests[J].Ecological Engineering, 24: 403-418.

Losada I J, Menéndez P, Espejo A, et al., 2018. The global value of mangroves for risk reduction. Technical Report[R]. Berlin: The Nature Conservancy.

Mccreless E, Beck M W, 2016. Rethinking Our Global Coastal Investment Portfolio[J]. Journal of Ocean and Coastal Economics 3 (2): Article 6.

Mcivor A L, Möller I, Spencer T, et al., 2012. Reduction of wind and swell waves by mangroves. Natural Coastal Protection Series: Report 1[R]. Cambridge Coastal Research Unit Working Paper 40. The Nature Conservancy & Wetlands International, p27.

Narayan S, Beck M W, Reguero B G, et al., 2016. The effectiveness, costs and coastal protection benefits of natural and nature-based defenses[J]. PLOS ONE, 11(5).

NRDC,EKO and TNC.2013. Creating clean water cash flows:developing private markets for green stormwater infrastucture in Philadelpia[R].

Scyphers S B, Powers S P, Heck K L Jr, et al., 2011. Oyster Reefs as Natural Breakwaters Mitigate Shoreline Loss and Facilitate Fisheries[J]. PLOS ONE 6(8):e22396.

Shepard C, Majka D, Brody S, et al., 2016. Protecting Open Space & Ourselves: Reducing Flood Risk in the Gulf of Mexico Through Strategic Land Conservation[R]. Washington DC: The Nature Conservancy. p12.

Spalding M, Kainuma M, Collins L, 2010. World Atlas of Mangroves[R]. London: Earthscan.

Storch H, Woth K, 2008. Storm surges: perspectives and options[J]. Sustainability Science 3(1): 33-43.

UN,2015.Sendai Framework for Disaster Risk Reduction 2015-2030[R].p12-14.

UNDRR, 2019. Global Assessment Report on Disaster Risk Reduction[R].

UNISDR, 2009.The United Nations International strategy for Disaster Reduction. Terminology on disaster risk reduction[R]. Geneva: UNISDR.

UNISDR, CRED, 2018. Economic loss, Poverty and Disasters (1998-2017)[R]. p01-07.

Winterwerp JC, Borst WG, de Vries, et al., 2005. Pilot study on the erosion and rehabilitation of a mangrove mud coast[J]. Journal of Coastal Research, 21(2): 223-230.

World Bank, 2016. Managing Coasts with Natural Solutions: Guidelines for Measuring and Valuing the Coastal Protection Services of Mangroves and Coral Reefs[R].Washington, DC: World Bank.

World Bank, 2017. Wealth Accounting and the Valuation of Ecosystem Services. Valuing the Protection Services of Mangroves in the Philippines[R]. Washington, DC: World Bank.

Ysebaert T, Brenda W, Haner J, et al., 2019. Habitat Modification and Coastal Protection by Ecosystem-Engineering Reef-Building Bivalves In: Smaal A., Ferreira J., Grant J., Petersen J., Strand. (eds) Goods and Services of Marine Bivalves[R]. Springer, Cham.

Zedler J B, Kercher S, 2005. Wetland Resources: Status, Trends, Ecosystem Services, and Restorability[J]. Annual Review of Environment and Resources, (30): 39-74.

Zhang K Q, Liu H, Li Y, et al., 2012. The role of mangroves in attenuating storm surges[J]. Estuarine, Coastal and Shelf Science, 102: 11-23.

陈玉军，廖宝文，李玫，等，2012. 无瓣海桑和秋茄人工林的减风效应 [J]. 应用生态学报，23(4): 959-964.

国家统计局，2010—2019. 中国统计年鉴 [R].

国家统计局，2005—2009. 中国环境统计年鉴 [R].

国际货币基金组织，2020. 世界经济展望 [R].

秦大河，2015. 中国极端天气气候事件和灾害风险管理与适应国家评估报告 [M].
　　北京：科学出版社：37-39.

WWF, 2020. 地球生命力报告 2020：扭转生物多样性丧失的曲线 [R]. Almond,
　　R.E.A., Grooten, M. and Petersen，T. (Eds).

王春子，陈凤桂，王金坑，2013. 海岸带地区协调发展研究——以福建省为例 [J].
　　中国人口·资源与环境，23(11): 122-128.

应急管理部，国家减灾委办公室，2019. 2018 年全国自然灾害基本情况 [R]. 北京：
　　应急管理部，国家减灾委办公室 .

于福江，董剑希，许富祥，等，2014. 中国近海海洋—海洋灾害 [M]. 北京：海洋
　　出版社 :141-147.

郑大玮，李茂松，霍治国，2013. 农业灾害与减灾对策 [M]. 北京：中国农业大学
　　出版社 .

自然资源部海洋预警监测司，2011—2020. 中国海洋灾害公报 [R].

附表　方法和工具清单

方法	工具/报告	简介	链接
构建自然韧性社区 Naturally Resilient Communities		通过提出科学的基于自然的解决方案以及对 NbS 成功项目的案例研究，以帮助社区更多地了解并确定哪些 NbS 可能对他们有效。针对的灾害类型包括：海岸带侵蚀和淹没、河岸带侵蚀和淹没、洪水等	http://nrcsolutions.org/
气候风险和韧性知识库 Climate Risk & Resilience Resources Library		涵盖大量气候风险和生态系统韧性提升的知识和项目经验。包括：珊瑚礁和贝类礁体、红树林、海岸带盐沼的保护修复及其政策影响	https://www.conservationgateway.org/ConservationPractices/Marine/crr/library/Pages/default.aspx
海岸带韧性工具 Coastal Resilience		该工具 2008 年首次上线，2014 年发布 2.0 版，这是一套分析评估海岸带遭受自然灾害风险，并识别减缓风险办法的工具，以利用自然生态系统对海岸带的保护作用为核心，帮助决策者以及不同领域的利益相关方，通过直观的视图方式，了解其所面临的风险，并开展基于生态工程的、适应气候变化的海岸带防灾减灾行动和规划	http://www.coastalresilience.org/
海洋保护协议实践者工具集 Marine Conservation Agreements Practitioner's Toolkit		该工具集为海洋保护实践者提供了一整套如何推进海洋保护协议项目的指南。用于帮助保护机构明确海洋保护协议的种类，如何能够促进其对海洋、海岸带物种和栖息地的保护	https://www.mcatoolkit.org/

更多报告的延伸阅读：https://www.nature.org/en-us/what-we-do/our-insights/resilience-risk-management/

7

基于自然的
解决方案
守护人类健康
—
Nature-based Solutions
Safeguarding
Human Health

人类对健康概念的认识是随着社会的发展以及人类对自身认识的深化而不断丰富的。在生产力低下的时期，人类只关注如何适应和征服自然，保证自身的生存。随着生产力水平的提高，人类开始关心身体健康，防病治病的医疗科学应运而生。历史发展到现在，人类对健康的认识又发生了飞跃。1948年，世界卫生组织（WHO）在其宪章中开宗明义地指出：健康不仅仅是没有疾病，而且是身体上、心理上和社会上的完好状态和完全安宁（WHO，1948）。进一步来说，只有当人们拥有健康时，才有条件实现他们的愿望、满足他们的需要、适应外部环境，最终实现长寿、高效和富有成果的人生（Herrman et al., 2005）。

当今社会人们普遍认为，健康是人类最基本的福祉和权利，也是人类发展的重要目标之一。早在1946年召开的国际卫生会议上，就已将"享受最高而能获致之健康标准，为人人基本权利之一"这一宣言写入WHO宪章（WHO，1948）。这反映出当第二次世界大战这一浩劫结束不久、数十亿人民的生活百废待兴时，人类社会已经认识到健康的重要意义。此后经过了70余年的发展，人类社会在经济、科技、教育、卫生等方面都取得了长足的进步。

然而就在21世纪进入第二个十年时，一场前所未有的新冠肺炎疫情为人类社会敲响警钟——对健康这一基本人权的追求和保障，从来不容懈怠。WHO总干事谭德塞博士在第七十三届世界卫生大会上表示："这场大流行提醒我们，人类与地球之间的关系紧密而微妙。如果不能妥善解决人类与病原体之间关键的互动关系，如果不能处理致使地球居住环境恶化的气候变化对人类生存造成的威胁，任何试图增强世界安全的努力注定都将失败[1]"。

基于这些认识，提升人类健康成为全人类在过去几十年来经久不衰的议题之一。联合国在2000年提出的千年发展目标（MDGs）以及2015年提出的可持续发展目标（SDGs）中均有多项目标直接或间接地与追求人类健康相关。如"SDG3：良好健康与福祉"这一目标提出：确保健康的生活方式，促进各年龄段所有人的福祉对可持续发展至关重要。同时如"SDG2：消除饥饿""SDG6：清洁的水源与卫生""SDG11：可持续的城市和社区"等都涉及有关人类健康的各方面要求。

要实现这些目标，就需要保障人类健康的内外部条件。其中健康的外部条

1　https://www.who.int/zh/news-room/feature-stories/detail/who-manifesto-for-a-healthy-recovery-from-covid-19.

件主要包括环境和社会资源两方面，如和平的社会、有保障的经济、稳定的生态系统和安全的住房等；健康的内部条件，也可以理解为个人角度的资源，包括体育活动、健康饮食、社会关系、韧性、积极情绪和自主权等（Ottawa Charter for Health Promotion，1986）。

在如今充满变化和挑战的世界中，人与人之间对资源共享的矛盾、人类社会发展与有限的自然资源的冲突正日益增长。在这一背景下，要保障对健康资源的稳定获得，仅凭传统的、基于单一学科的、由单一部门实施的方法很难高效地满足人类需求，因而亟须转变思路，用更加综合的方法来实现这些目标。NbS 对于解决这些问题，有着独到的优势。近年来，NbS 在提升人类健康方面的工作中正得到越来越多的应用，其价值也正得到更广泛的认同。本部分将着重介绍自然与人类健康的直接联系，并以城市这一人类聚居区为重点，阐述 NbS 提升城市健康从而改善人类健康的不同途径、进展和相关案例。

7.1　人类健康面临严峻危机

良好的自然环境是人类健康的基石，通过生态系统服务为人类生存提供着不可或缺的清洁空气、水源和食物，保障着人类生活的方方面面。从森林破坏到密集和污染性的农业实践，再到不安全的野生动物管理和消费，人类活动不当、对自然的过度和不合理使用破坏了自然环境的这些服务功能，也增加了新发传染病的风险，最终将使人类健康受到严重威胁。

2019 年 UNEP 发布的第六期《全球环境展望》报告，以 "地球健康，人类健康" 为主题，证实了地球健康对全人类的健康和福祉至关重要，直接影响着地球上 70% 贫困人口的生命和生活。然而人类行为已对生物多样性、大气层、海洋、水和土地造成了各种影响。这些程度严重、甚至不可逆转的环境退化已对人类健康产生了负面影响（图 7-1）。空气污染的负面影响最为严重，其次是水、生物多样性、海洋和陆地环境的退化（UNEP，2019）。据 WHO 的统计，2012 年全球约有 1 260 万人由于环境因素死亡，占全部死亡人数的 23%。各种环境风险因素，包括空气、水、土壤污染、化学品、气候变化、紫外线辐射等，可导致 100 多种疾病的发生（WHO，2016）。

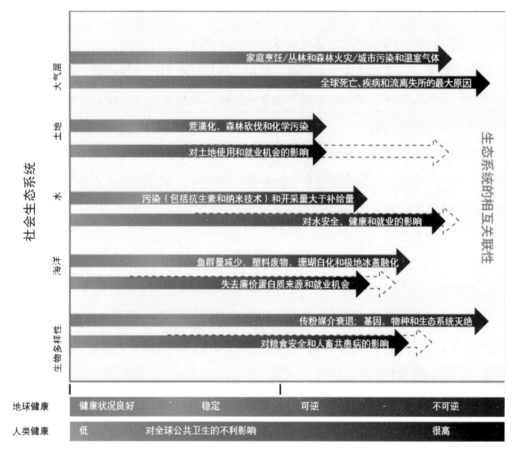

注：虚线箭头表示各地可能体会到的不同影响程度

图 7-1 地球健康与人类健康之间的关系

资料来源：UNEP（2019）。

7.1.1 空气污染

空气污染是导致全球疾病的主要环境因素，空气中的细微污染物可以穿透人体呼吸系统和循环系统，损害人体肺部、心脏和大脑。WHO 认识到空气污染是造成非传染性疾病的一个重要危险因素，占成人因心脏病死亡总数的 24%、中风的 25%、慢性阻塞性肺病的 43% 以及肺癌的 29%。目前，每年有超过 700 万人死于接触性空气污染，占所有死亡人数的 1/8，给社会造成高达 5 万亿美元的经济损失。据 WHO 最新空气质量模型证实，世界上 92% 的人口生活在空气质量水平超过限值的地区。老年人、儿童、病人和贫困者更容易受到空气污染的影响（WHO，2019）。空气污染的主要原因（化石燃料）也是气候变化的主要推动因素。

室外空气污染是影响低收入、中等收入和高收入国家中每一个人的主要环境卫生问题。2016年，城市和农村地区的室外空气污染导致全世界420万人过早死亡，原因是暴露于直径2.5μm或更小的颗粒物质（$PM_{2.5}$）环境中，这些颗粒物能导致心血管和呼吸道疾病以及癌症。越来越多的证据表明环境空气污染与心血管疾病风险之间具有高度关联[1]。

除室外空气污染外，对使用生物质燃料和煤做饭取暖的约30亿人来说，室内烟雾也是一个严重的健康风险因素。2016年，约380万例过早死亡人员是因为家庭空气污染所致，这些人员几乎全部在中低收入国家[2]。

7.1.2　水污染

清洁的水源供给是保障人类健康的最基本要素。然而在大多数区域，自1990年以来，由于有机和化学污染，水质开始显著恶化。至2015年，全球仍有21亿人（约占全球人口的1/3）无法获得安全的饮用水，其中至少20亿人的饮用水水源受到粪便污染（WHO，2019）。每年约有200万人死于可预防的疾病，如腹泻和肠道寄生虫，这些疾病与饮用水受到污染以及卫生设施不足直接相关。同时，源自生活污染和工业废水、农业、集约化牲畜饲养和水产养殖的抗生素广泛分布在全球的淡水系统中，如果不采取有效的应对措施，到2050年，对抗微生物药物具有耐药性的感染导致的人类疾病可能成为全球传染病致死的重要原因（UNEP，2019）。

7.1.3　生物多样性丧失

丰富的生物多样性为人类提供着充足、多样的营养食物，确保土壤的可持续生产力，并维持着所有作物、牲畜和渔业资源的基因多样性，还为人类研发新的药物和生物医药领域突破提供了不可替代的基础与资源。例如，全球估计至少有6万个物种为人类所食用或药用，全球药用植物的贸易额达25亿美元。1981—2010年，美国食品药品监督管理局（FDA）批准的抗菌素中有75%都来源于自然界（Romanelli et al., 2015）。生物多样性的持续丧失必将动摇这些维持人类健康

1　https://www.who.int/zh/news-room/fact-sheets/detail/ambient-(outdoor)-air-quality-and-health.

2　https://www.who.int/zh/news-room/fact-sheets/detail/household-air-pollution-and-health.

的基石。

新冠肺炎疫情已经向人类展示了生态系统失去稳定所引发的多米诺骨牌效应，我们不能忽视生物多样性丧失和传染病增加之间的关联。在没有充分了解后果的情况下改变自然生态将会给人类带来灾难性后果。随着人类对森林的不断破坏，自然栖息地日益萎缩，野生动物只能选择靠近彼此或靠近人类密集的空间栖息。一项最新研究发现，随着自然景观向城市景观的转变以及生物多样性的普遍下降，携带可感染人类疾病的物种数量正在增加（Gibb et al., 2020）。超过70%的新型传染病都源自野生动物，人类传染病的60%以上都是人畜共患病，过去60年中，新型传染病的数量增加了3倍（UNEP，2019）。

7.1.4 气候变化

气候变化通过影响健康问题的社会和环境驱动因素——清洁的空气、安全的饮用水、充足的食物和有保障的住所，进一步加剧着人类的健康风险。预计在2030—2050年，气候变化带来的高温热浪、洪涝灾害、空气污染以及生态系统退化等因素将在每年多造成约25万人死于营养不良、疟疾、腹泻和气温过高，其中预计有3.8万老年人死于气温过高，4.8万人死于腹泻，6万人死于疟疾以及9.5万人死于儿童营养不良。到2030年气候变化对健康带来的直接损失费用（不包括对诸如农业及饮用水和环境卫生等健康决定部门带来的费用）将达到每年20亿 ~ 40亿美元（WHO，2020）。

7.2 城市健康影响人类健康

城市是人类文明的标志，也是当代人类健康和福祉的主要供给来源之一。在全球范围内，生活在城市地区的人口远多于生活在农村环境中的人口。相比于农村，城市集中了更多的就业、教育和医疗资源，提供了获取良好健康和人类发展所需的更好服务，让城市居民有机会更便捷地享受到这些资源所带来的福利，在某种程度上提升了城市居民的健康和福祉，使其能够更高效地参与生产、更健康地生活。以中国为例，2010年城市人口的人均预期寿命比农村人口高出至少6年（Yang et al., 2015）。城市的这些特质，不断地吸引着人口向城市集中，从而进一步推动了城市化进程。

当前世界正处于这样一个前所未有的快速城市化时期。自 2007 年以来，全球已有超过半数的人口生活在城市，预计到 2030 年这一比例将达到 60%，2050 年将进一步上升到 70%。届时，全球城市建成区面积将达到 120 万 km^2 [1]。中国的城市化水平自改革开放以来也经历了飞速的发展，从 1978 年初不足 20%，到 2019 年超过 60%（国家统计局，2020）。快速、无计划和不可持续的城市发展模式，正在使城市发展成为许多新出现的环境和健康危害的交会点。

城市的发展除了得益于其高效地利用资源的能力外，更离不开对外部资源，尤其是自然资源的依赖和过度索取。据统计，城市区域的经济增长约占全球 GDP 的 60%。同时它们也占资源使用量的 60% 以上，贡献了全球 70% 左右的碳排放量。而这一切，都是在仅占地球陆地表面 2% 的土地上发生的（联合国，2019）。城市对自然的依赖关系，在当今全球气候变化的背景下显得格外脆弱，而快速的城市化进程又进一步凸显了这一问题。

首先，城市用地的快速扩张对城市周边的自然、半自然生态系统造成了直接的压力，导致了生物多样性的流失，并会影响到城市所需资源的可持续供给。城市增长一直是自然栖息地丧失的主要原因之一。研究表明，1992—2000 年，城市增长导致全球丧失了 19 万 km^2 的自然栖息地，占此期间全球丧失自然栖息地总面积的 16%，受此影响的生物群落包括温带森林、沙漠和旱生灌丛以及湿润热带森林等。今后，这一趋势还将持续，尤其是湿润热带森林。到 2030 年，城市增长可能还会对 29 万 km^2 的自然栖息地造成威胁（TNC，2018）。

其次，由城市规模的扩张导致资源的大量消耗和污染物、废弃物的大量排放，超出了城市环境本身的容纳极限。以当前全球城市的平均水平看，需要 1.75 个地球才能满足人类对资源的需求，并容纳人类活动排放的废弃物。也就是说，人类每年的消耗和排放需要 20 个月才能被地球所生产和吸收（Lin et al., 2018）。长期来看，这样的发展模式必然会导致资源的短缺和环境的退化，最终影响到人类的健康与福祉。

最后，城市人口的快速扩张和保障资源的滞后带来了众多独特的健康风险。在城市贫民窟和较小的非正式居住区，过分拥挤以及不能获得安全的水和环境卫生，造成诸如结核病等传染性疾病的传播。城市的社会、建筑和食品环境，非传

1　https://www.un.org/sustainabledevelopment/zh/cities/.

染性疾病、暴力和精神疾患发生率也常常较高。考虑到上述趋势，WHO 已将城市化列为 21 世纪公共卫生的主要挑战之一（WHO et al., 2014）。

WHO 将健康城市定义为能够持续创建和改善实体环境和社会环境，并扩大促使人们互相支持履行所有生活功能和发挥最大潜能的社区资源（WHO，1998）。要保障世界上绝大多数人群的健康，就必须努力确保他们生活在健康和宜居的城市中，这需要从根本上转变城市对资源，尤其是自然资源和生态系统服务的利用模式，提升资源分配的公平性，减少资源使用过程中的浪费，充分发挥自然资源的多重效益。

7.3　NbS 为人类健康开一剂"自然药方"

人们逐渐认识到，自然是决定人类健康和未来福祉的一个重要环境要素（Naeem et al., 2015）。它是一把"双刃剑"，发挥什么样的作用取决于人类如何与自然相处。当人们挥霍无度地利用自然时，它可能触发引起大规模人类死亡的重大健康和疾病风险；但如果精心呵护、在合理的范围内可持续地利用自然所提供的各种产品和服务，自然也可以成为一种"解决方案"，为提升人类的健康和福祉开出"自然药方"。

对于自然与人类健康关系的研究自 21 世纪初才逐渐发展起来。2005 年，WHO 为千年生态系统评估发布了自然对于人类健康贡献的分析报告，首次明确指出了自然与人类健康之间的关系，着重论证了生态系统退化给人类健康带来的负面影响，指出生态系统方法正在延伸到人类健康领域以解决相应问题，例如传染病和慢性病的防治（WHO, 2005）。2010 年，FAO、WHO 和世界动物卫生组织（World Organization for Animal Health, OIE）在"一体健康"（One Health）[1]领域达成合作，旨在从人类 - 动物 - 生态环境层面创建一个跨学科跨部门的合作机制，以应对动物和公共健康危机（FAO-OIE-WHO，2010）。

2014 年，Hartig 等首次系统梳理了自然在促进人类健康方面的研究证据，总结出自然可以通过改善空气质量、增加户外活动、增加社会性接触和减少压力这几个途径来提升人类健康（Hartig et al., 2014）。2015 年，WHO 与 CBD 启动合作，从水资源、空气质量、食物安全、营养、传染性疾病、非传染性疾病、传统医药、

1　https://www.who.int/news-room/q-a-detail/one-health.

精神和文化健康等多个维度全面而系统地评估了生物多样性与保障和提升人类健康的关系，再次明确了人类的健康极度依赖于功能完好的、生物多样性丰富的生态系统。它们为人类供给清洁的空气和饮用水，保障食物和营养安全以及提供着诸如病虫害和疾病调控、传粉、调节气候、缓解极端天气事件影响等关键的生态功能和服务。对自然资源进行可持续管理的能力极大程度上决定了人类自身的健康状况（Romanelli et al., 2015）。

7.4　NbS 提升城市健康

越来越多的证据表明，城市居民更容易患肥胖、精神压力大、注意力不集中、抑郁、长期失眠等与"自然缺失"相关的"城市病"。2017 年，Bosch 等依托生态系统服务框架，总结出城市中的自然环境能够为提升城市居民健康所发挥的各种积极作用，其中改善城市热岛效应和调节情绪的研究证据尤为显著，能够明显降低死亡率（Bosch et al., 2017）（图 7-2）。

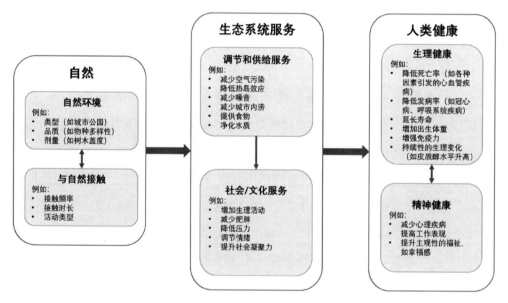

图 7-2　NbS 提升人类健康的作用及其影响路径

（改编自：Hartig et al., 2014；Bosch et al., 2017）

在现代城市发展历程中，利用自然来解决城市问题的探索早已有之。早在
19 世纪末 20 世纪初，西方国家的城市规划领域就已经萌生了"田园城市"的理念，

并有利用"绿环"来限制城市无序扩张的实践（吴志强，2010）。我国自 1992 年起也启动了"国家园林城市"评选，鼓励城市重视绿色空间。伴随着这些实践，人们对城市中自然价值的理解也不断深入，从而推进了自然要素在城市中的使用从局部的、孤立的方式向整体的、相互联系的方式演变。2016 年，联合国住房和城市可持续发展大会提出"新城市议程"，该议程认同并强调了更绿色的城市与更健康的城市、更具韧性的城市之间的关联，并呼吁让所有居民都能平等地享受自然的效益。该议程还设想城市和人类居住区"应保护、养护、修复和促进其生态系统、水、自然生境和生物多样性，最大限度地减少其环境影响，并转向可持续的消费和生产模式"[1]。这些转变一方面证明了早期 NbS 对于解决一些城市问题的有效性，同时也为 NbS 在城市中更广泛的应用指明了方向。NbS 通过保护和修复城市内部以及城市周边的生态系统，促进其为城市提供更丰富、更可持续的生态服务，来帮助实现城市健康发展的目标。

7.4.1　NbS 改善城市居民生理健康

城市中的树木和其他自然基础设施可以通过多种方式来改善人类健康。树木可以通过光合作用吸收二氧化碳、释放氧气，树叶上的细小绒毛还可以捕捉空气中微小的颗粒污染物，减少空气污染。此外，树木还能够减少噪声、缓解热岛效应。对多伦多 3 万多居民的研究发现，城市树木密度与健康感知和受访者报告的心血管代谢疾病之间存在着很强的相关性（Karden et al., 2015）

2016 年 TNC 发布的一项针对全球 245 个城市的研究揭示了树木给城市带来的潜在回报（TNC, 2016）。评估发现，如果在正确的地点种植正确的树种，城市树木可以对全球公共卫生产生重大影响，拯救数万人的生命，改善数百万人的健康状况。树木还为城市提供了许多额外的益处，使城市更具韧性和宜居性。仅当前的城市行道树就改善了超过 5 000 万城市人口的空气环境。如果全球每年投资 1 亿美元用于城市树木的种植和维护，预计可有效缓解城市夏季极端高温天气，使 7 700 万人享受到更为凉爽的城市环境；同时会降低雾霾，帮助 6 800 万城市人口显著降低空气颗粒污染物浓度。报告指出，对于那些正在寻求方法改善空气质量、缓解夏季高温、提升宜居品质的城市，种树或许是唯一的一举多得的方法（图 7-3）。

1　https://www.un.org/zh/documents/treaty/files/A-RES-71-256.shtml

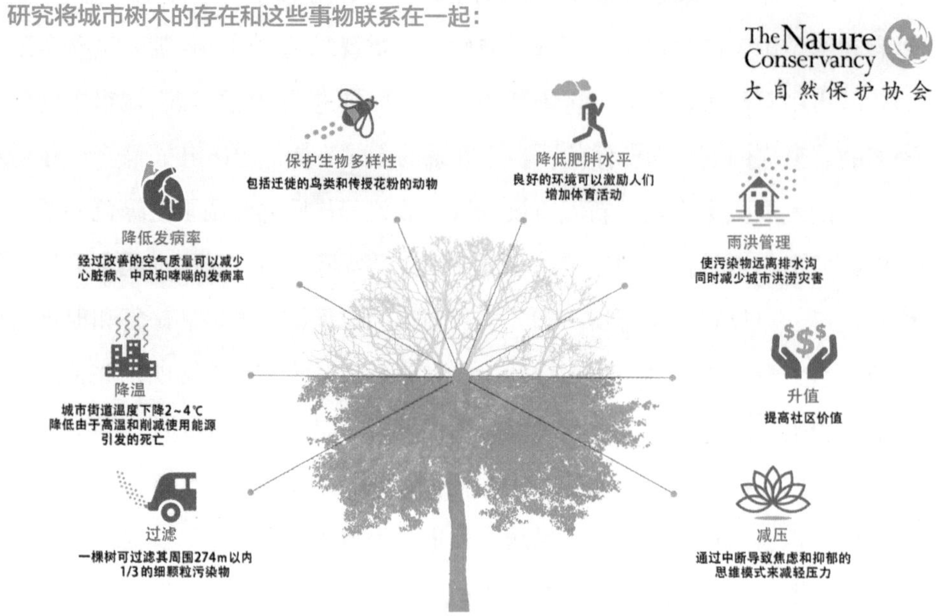

研究将城市树木的存在和这些事物联系在一起：

图 7-3　城市树木的益处

资料来源：TNC et al.（2017）。

案例

18

美国路易维尔的"城市树医生"

路易维尔是美国肯塔基州最大的城市。由于地处俄亥俄河谷地带，空气扩散条件不佳，路易维尔与世界上很多城市一样，面临着严重的空气污染问题，并已经明显威胁到当地人的健康。在路易维尔，几乎每个人都有有关空气污染的故事：孩子有呼吸问题；曾有长辈死于心脏病；离开这里的人，咳嗽奇迹般地痊愈，却回到这里后症状又陆续出现。

路易维尔的一项调查显示：居住在树木茂盛区域，有更多机会接触自然的人，比居住在树木较少的城市南部和西部，很少接触自然的人的平均寿命长 13 年。虽然，收入差距、饮食、吸烟率以及其他很多相关因素也影响着平均寿命，但增加城市绿化面积显然可以更好地改善这种情况。

2017 年 10 月，TNC 联合公共健康研究机构、环保机构、社区组织等合作伙伴，共同在路易维尔发起了"绿色之心"项目（The Green Heart Project）。在这个项目中，树成为城市"医生"，用于增强城市免疫力，改善城市空气，让城市更健康。

这一项目将被用以证明，如果能够在合适的区域植树木，并由此节省的医疗费用支出，减少的病假及生产力的提升足以抵消种树的成本。树木应当被视为公共卫生基础设施，这样一来不仅可以引起城市管理者对城市绿化的重视，也将为城市绿化提供新的资金来源。

"绿色之心"项目希望通过建立一个模型来规划城市应该在哪里植树、如何植树、种什么树种；并建立起城市绿化与公共卫生之间的转换关系，向人们更直观展现"树"医生所能带来的巨大"医疗福利"。路易维尔是一个完美的"城市实验室"——这里足够大，展示了城市所面临的挑战，但同时这里也足够小，让"绿色之心"项目的合作方可以走到一起，迅速开展工作。

　　TNC 和其他项目合作伙伴选择在树木匮乏的南路易维尔经过精心规划种植
8 000 棵树。与此同时，项目还将动员 700 名社区居民参与追踪测试。研究人员将
对这 700 名当地居民进行多轮血液和尿液测试，以追踪其体内空气污染物的残留
情况，评估其糖尿病、心血管疾病的患病风险和压力水平。通过对比这 700 名社
区居民在种树前及种树后的健康数据，来衡量"树医生"的医术。

　　诸多合作方的加入，让追踪自然与健康之间的因果关系变得可能。在这个项
目中，TNC 提供生态学方面的数据，并以此来判断在哪里种树、种什么树可以获
得最大效益；Hyphae 设计实验室（Hyphae Design Laboratory）在城市绿色基础设
施设计方面提供支持，路易维尔大学医学中心实验室进行健康追踪实验。

　　2019 年秋季，"绿色之心"项目在南路易维尔种下了第一批树木。项目还与
当地的社区机构合作，以公民科学的方式使青少年参与到树木生长情况的监测中。
"绿色之心"项目只是展示"树医生"医术的一个尝试。相信通过科学的实验及规划，
项目能建立一套更加高效的模型，利用"树医生"来改善千万城市居民的身体健康。

7.4.2　NbS 提升城市居民精神健康

　　诸多研究都证实，花时间亲近大自然对改善身体和心理健康具有良好效果，
比如提高注意力和认知水平，减少焦虑和抑郁，改善睡眠和增强压力修复能力。
Feda et al.（2015）的研究发现，邻近公园的程度与青少年感知压力降低之间有
很强的联系。在美国洛杉矶，研究者们追踪研究 3 000 个孩子 20 年，发现家附
近 500m 内有公园的孩子，比其他地方居住孩子的身体质量指数（BMI）要低，
健康状况也更好（Ewing et al., 2003）。城市地区的绿色空间有助于改善精神健康
（Engemann et al., 2019）。进入绿色空间还增加了体育活动的机会，可降低患若
干非传染性疾病的风险，并提高免疫功能（Romanelli et al., 2015）。新冠肺炎疫
情也表明城市自然环境在危机时期提供修复力的重要性，在此期间，在人们遵守
保持社交距离要求的同时，进入绿色空间成为有益于人类健康和福祉的一个重要
因素（Samuelsson et al., 2020）。

　　越来越多的国家认识到城市公园和自然保护地在改善公共健康方面的巨大价
值，并将其作为一种"自然疗法"纳入国家公共健康体系中。新西兰卫生部启动
了"绿色处方"计划（Green Prescription Program），医生可以向病人开"绿色

处方", 让患者去和自然相处。大约每 10 个处方中, 就有 1 个要求患者至少与自然相处 150 分钟以上。2 年的追踪调查表明, "绿色处方"让全因素死亡率下降了 20% ~ 30%（Elly et al., 2003）。澳大利亚的学者以昆士兰州和维多利亚州的市民（19 674 人）作为样本, 估算出澳大利亚的国家公园等自然保护地在改善游客心理健康方面, 每年能为世界创造约 6 万亿美元的经济价值（Buckley et al., 2019）。最初源于德国的"森林康养"可以说是将良好的森林景观和健康医疗行业完美结合的一个典范, 在美国、日本、韩国等国家广为流行, 近年来在国内也快速发展, 在林业部门的推动下依托已有的自然保护区、森林公园、国有林场等生态条件较好的地方建成了一批森林体验和康养基地。

对城市居民来说, 家门口的绿地、城市公园和周边的保护地, 都是绝佳的"自然疗养院"。在许多城市中心区域, 由于建成时间久远, 较少留有足够的空间作为自然空间, 或者这些自然空间并未得到有效的管理。为了充分发挥这些空间的生态服务价值, TNC 在北美以及中国做了许多尝试, 试图通过提升这些空间的生物多样性, 为周边居民创造一个更友好的交流空间, 一方面改善城市微小环境的生态品质, 另一方面也给城市居民创造了亲近自然的机会, 加强了社区的沟通。

案例

19

上海生境花园——为城市居民提供"每日自然剂量"

上海生境花园项目于 2017 年启动，作为 TNC 上海保护项目城市生物多样性保护和修复实践行动，致力于与合作伙伴们一起打造多功能的社区花园和绿色空间，为城市野生动物提供更多更好的栖息地，同时也为周边居民提升生态空间品质，让自然融入生活，让花园也拥有更丰富的生物多样性，成为生活里可以亲近的自然。

生境花园，将"花园"与"生境"融合在一起打造而成，可以简单地理解为"具有栖息地功能的花园"，也就是既能够提供生物生存环境，又兼具观赏、休息和户外休闲活动的花园。结合城市中公共空间绿化的现实情况，TNC 提出了生境花园营造的"五大原则"。

- 优先使用本土物种
- 丰富的植物群落
- 杜绝外来入侵物种
- 减少农药化肥的使用
- 提供辅助的食物、水源或庇护所

基于上述原则设计建造并维护的花园，既能够为城市中的野生动物提供更适宜的栖息地或庇护所，同时也为城市居民提供了亲近自然和交流的公共空间。

启动至今，项目已经完成生境花园指导手册的编写，在杨浦区创智农园和长宁区虹旭二小区建成了两个生境花园合作示范点。在每个示范点中，都开展了如下四方面的工作：

生境营造

生境营造是生境花园的基础，也是生境花园区别于传统城市景观绿地的最大特征。每一个示范点中的生境配置会首先参考当地的环境条件以及周边居民的需求，在充分考虑地块内已有植被的生态效益同时，参考五大原则，替换、补充相应的要素，为目标野生动物提供适宜的生境。

以虹旭生境花园为例，在植物配置方面，使用本土植物，充分考虑到野生动物尤其是鸟类的生境需求：种植火棘（*Pyracantha fortuneana*）、枸骨（*Ilex cornuta*）等挂果时间长又受鸟类喜爱的食源植物，保障在食源匮乏的冬季也能为鸟类提供食物；搭配花期覆盖四季的植物来帮助吸引昆虫，而昆虫大大满足了食虫性鸟类的需要；设计了有坡度的小池塘，池塘边沿错落的石块为不同体型的鸟类等动物提供了落脚点供其饮水、洗澡；同时水塘一侧靠近密集乔、灌木植被，保障鸟类有停歇和躲避的空间；水塘内种植湿生植物和藻类，让水质更健康；园内丰富的植物群落营造出错落有致的景观，乔木、灌木的衔接也为鸟类提供了最佳庇护所。

志愿者团队

志愿者团队是管理和维护生境花园的主要力量。区别于传统城市绿化的养护工作主要外包给养护公司，生境花园所提倡的是社区居民的参与。因此在生境花园进行设计、建设的同时，也同步组建志愿者团队，并为志愿者提供必需的培训和指导。

虹旭生境花园就是由居民志愿者参与花园管理。在虹旭生境花园建成前，在居委会的组织下就已经建立了由 14 名志愿者组成的团队，由 TNC 等第三方合作伙伴对其进行了生境花园基础知识点以及生境维护的培训。目前不仅花园的日常简单维护完全由志愿者完成，一些诸如生境维护、厨余堆肥、蔬菜种植等更为专业的内容也多由志愿者自主完成。

科学监测

同其他的生态修复和保护项目一样，生境花园也需要对花园中主要保护对象的关键指标进行定期的监测，以此来评价生境营造的成效，并对管理措施的调整提供参考。同时，监测的成果也能进一步促进居民对生境花园的认识和喜爱。

在过去的一年间，虹旭生境花园中共记录到了 16 种鸟类、2 种蛙、2 种哺乳动物、至少 4 种传粉昆虫。

居民活动

这里不仅是野生动植物们的家，更是社区居民休憩、放松的理想场所。在花园内的居民活动区内，设有廊架、长椅和活动平台，可以充分满足居民们歇脚和活动的需求。还有种植箱，大家可以一起种植应季的果蔬香草、利用有机垃圾堆肥的肥料养护土壤，一起分享种植和收获的喜悦。除此之外，也设有雨水收集桶作为资源可持续利用的展示，还有动植物科普墙绘和生境花园彩绘等，鼓励周边的居民使用花园、走进自然，在花园里放松身心。

2020 年年初受新冠肺炎疫情影响，上海多数公园等公共场所都暂停开放，位于小区内的虹旭生境花园就成为居民们排解压力、放松心情的最佳去处。不少居民表示，在封闭管理的那段时间经常会去花园里坐坐，"听听鸟叫，感觉也没那么烦躁了"。

7.4.3　将 NbS 融入城市规划

城市规划在确保未来城市发展的健康程度和可持续性方面起着关键作用。现在人们已经普遍具备了这个认知，自然在城市中不仅仅是一种奢侈品，自然还为人类提供生态系统服务，对改善城市服务具有重要的基础设施作用，有助于对城市应对其面临的各种挑战。然而，NbS 才刚开始被广泛地纳入城市和区域的基础设施规划。要全面发挥 NbS 的综合效益，必须考虑生态系统过程与空间规划体系的交会，将城市视为一个整合的社会生态系统。也就是说，把自然的价值内化到城市规划设计中去。

绿图规划（Greenprint）正是这样一个将城市中的生态空间和它们能够提供的各种生态系统服务纳入各种城市发展规划的情景分析与决策支持工具，可以记录和分析城市中树木、公园、工作用地和其他类型的绿色空间给人类带来的环境、经济和社会效益，推动城市管理者优先考虑和采纳各种类型的 NbS，实现城市管理综合效益最大化。绿图规划可以直接服务于"多规合一"的国土空间规划，助力城市守住生态空间，构建生态宜居的城市环境，支撑城市的绿色可持续发展。

案例

20

城市绿图带来生机勃勃的墨尔本

位于澳大利亚东南角的墨尔本一直被誉为世界上最宜居的城市之一，悠闲的澳式生活、充满活力的咖啡馆、浓重的艺术和文化气息以及人们对各类体育运动的狂热都是带来这一美誉的原因。除此之外，还有一项关键因素——自然。在墨尔本，绿地占了城市总面积的19%，相较于其他同规模的城市，人们能够在墨尔本看到更多的公园、花园以及林荫大道。绿色植物不仅让城市更美，也更有利于居民身心以及生态环境的健康。

然而，墨尔本和其他城市一样，其所拥有的"宜居性"正面临着威胁。根据预测，墨尔本很快将超越悉尼成为澳大利亚第一大城市，并在2050年拥有800万人口。城市总人口的增加带来的新增建筑物、所铺砌的路面和屋顶等不透水表面的增加，都将导致城市及其周边更多的自然植被和农田的减少。同时，气候变化导致了城市区域内气温升高、降水减少，使城市树木生长更为艰难。

重新开发前，住宅周围植被和植被覆盖茂盛

图片来源：Nearmap.

重新开发后，牺牲了植被和树冠覆盖

图片来源：Nearmap.

为应对这一挑战，保护并增加其自然资产，TNC 与"韧性墨尔本"（Resilient Melbourne）[1] 合作，为这座大城市制定了城市森林战略。TNC 把 32 个独立的城市委员会（市政当局）、多个州政府机构和许多其他合作伙伴聚集在一起，以共同实现"生机勃勃的墨尔本：我们的都市森林"的愿景[2]，并先于全球其他大部分主要城市，推出城市自然空间规划项目——城市绿图。墨尔本绿图规划确定了维持一个更绿色、更宜居的墨尔本需要有 3 个主要目标：

● 提高公众健康水平：保护自然并增加更多接触自然、绿地和树林的渠道，尽量避免居民暴露于高温环境，同时改善居民的身心健康；

● 丰富自然资源：保护和扩大生境的连通性和走廊，以增强生物多样性；

● 加强自然基础设施建设：保护并增加公共和私人土地上的植被以便为城市降温，保持土壤水分，降低洪水风险并提高水和空气质量。

城市是一个以人为中心的自然、经济与社会的复合生态系统。城市中的自然及其所提供的各种诸如净化空气、调节气候、雨洪消纳、抵御灾害、休闲游憩等生态系统服务功能作为一种城市环境公共产品，为城市的发展提供了"生存"基础和安全保障，提升了城市的生态宜居程度。TNC 认为，如果要建造真正健康可

1　韧性墨尔本（Resilient Melbourne）是"100 个韧性城市"之一，该项目是由洛克菲勒基金会在 2013 年发起，旨在帮助更多的城市建立韧性，以应对 21 世纪日益增长的物质、社会和经济挑战。

2　https://resilientmelbourne.com.au/living-melbourne/.

持续发展的城市，兼顾人与自然的利益，规划"城市绿图"是必要的，而墨尔本的"城市绿图"项目能够为世界各地的城市发展树立一个成功的榜样。

7.5 结语

大量的研究已经证实，自然对人们的生理健康和精神健康都有积极影响。人类生于自然，渴望与大自然深度接触。联合国最新发布的第五版《全球生物多样性展望》呼吁，要想在 2050 年实现"人与自然和谐相处"这一美好愿景，我们亟须向涵盖生物多样性的一体健康（One Health）转型，认可并重视自然与人类健康方方面面的各种联系，将人类健康、动物健康和生态环境健康进行统筹管理，以应对生物多样性丧失、疾病风险和不良健康的共同驱动因素。这不仅有助于人类社会从新冠肺炎疫情中迈向可持续、健康和公正的恢复，而且有助于实现更广泛的健康目标，不仅仅是消除疾病，需要更加注重预防，并加强社会、生态和经济系统的复原力（CBD 秘书处，2020）。

参考文献

Bosch M, Sang AO，2017. Urban natural environments as nature-based solutions for improved public health-A systematic review of reviews[J]. Environmental Research, 158: 373-384.

Buckley R, Brough P, Hague, L, et al., 2019. Economic value of protected areas via visitor mental health[J]. Nature Communication, 10: 5005.

CBD 秘书处 , 2020. 第五版《全球生物多样性展望》[R]. 蒙特利尔 .

Elley CR, Kerse N, Arroll B, et al., 2003. Effectiveness of counselling patients on physical activity in general practice: cluster randomised controlled trial[J]. British Medical Journal, 326:793.

Engemann K, Pedersen BC, Arge L, et al., 2019. Residential green space in childhood is associated with lower risk of psychiatric disorders from adolescence into adulthood[J]. Proceedings of the National Academy of Sciences, 116(11): 5188-5193.

Ewing R, Schmid T, Killingsworth R, et al., 2003. Relationship between urban sprawl and physical activity, obesity, and morbidity[J]. American Journal of Health Promotion, 18:47-57.

FAO-OIE-WHO, 2010. Sharing Responsibilities and Coordinating Global Activities to Address Health Risks at the Animal-Human- Ecosystems Interfaces[R]. Hanoi: A Tripartite Concept Note.

Feda DM, Seelbinder A, Baker S, et al., 2015. Neighborhood Parks and Reduction in Stress among Adolescents. Result from Buffalo, New York[J]. Indoor and Built Enviroment, 24(5): 631-639.

Gibb R, Redding DW, Chin KQ, et al., 2020. Zoonotic host diversity increases in human-dominated ecosystems[J]. Nature, 584, 398-402.

Hartig T, Mitchell R, de Vries S, et al. 2014. Nature and health[J]. Annual Review of Public Health, 35: 207-228.

Herrman HSS, Moodie RS, 2005. Promoting Mental Health: Concepts, Emerging Evidence, Practice[R]. A WHO Report in collaboration with the Victoria health Promotion Foundation and the University of Melbourne. Geneva: World Health Organization.

Kardan O, Gozdyra P, Misic B，et al., 2015. Neighborhood greenspace and health in a large urban center[J]. Scientific Reports, 5: 11610.

Lin D, Hanscom L, Murthy A, et al., 2018. Ecological Footprint Accounting for Countries: Updates and Results of the National Footprint Accounts, 2012-2018[R]. Resources, 58(7).

Naeem S, Ingram JC, Varga A, et al., 2015. Get the science right when paying for nature's services[J]. Science, 347(6227): 1206-1207.

Ottawa Charter for Health Promotion, 1986. First International Conference on Health Promotion[R]. Ottawa: WHO/HPR/HEP/95.1.

Romanelli C, Cooper D, Campbell-Lendrum D, et al., 2015. Connecting Global Priorities: Biodiversity and Human Health: A State of Knowledge Review[R]. World Health Organistion & Secretariat of the UN Convention on Biological Diversity.

Samuelsson K, Barthel S, Colding J, et al., 2020. Urban nature as a source of resilience during social distancing amidst the coronavirus pandemic[R]. Landscape and Urban Planning.

TNC, 2016. Planting Healthy Air: A global analysis of the role of urban trees in addressing particulate matter pollution and extreme heat[R]. Arlington: VA.

TNC and the Trust for Public Land (TPL). 2017. Funding Trees for Health: An Analysis of Finance and Policy Actions to Enable Tree Planting for Public Health[R]. Arlington: VA.

TNC, 2018. Nature in the Urban Century[R]. Arlington: VA.

UNEP, 2019. Global Environment Outlook - GEO-6: Healthy Planet, Healthy People[R]. Nairobi, Kenya. University Printing House, Cambridge, United Kingdom, 745.

WHO, 1948. Constitution of the World Health Organization[R].

WHO, 1998. Health Promotion Glossary[R].

WHO, 2005. Ecosystems and Human Well-Being: Health Synthesis. A Report of the

Millennium Ecosystem Assessment[R].

WHO, Metropolis, 2014. Cities for Health[R].

WHO, 2016. Preventing disease through healthy environments: a global assessment of the burden of disease from environmental risks[R].

WHO, 2019. Healthy environments for healthier populations: Why do they matter, and what can we do?[R].

WHO, 2020. World health statistics 2020. monitoring health for the SDGs, sustainable development goals[R].

Yang J, Siri GJ, Remais VJ, et al., 2018. The Tsinghua-Lancet Commission on Healthy Cities in China: unlocking the power of cities for a healthy China[J]. The Lancet, 391: 2140-2184.

国家统计局，2020. 中华人民共和国 2019 年国民经济和社会发展统计公报 [R].

联合国，2019. 2019 年可持续发展目标报告 [R].

吴志强，李德华，2010. 城市规划原理（第四版）[M]. 北京：中国建筑工业出版社 .

附表 方法和工具清单

方法	工具/报告	简介	链接
自然融入城市	移动设备 App——健康树木健康城市 Healthy Trees, Healthy Cities（HTHC）	该 App 指导用户在院子、邻里和社区周边种植和管理树木。涵盖适当种植和管理树木的必要步骤，为公众参与城市树木健康管理提供了入口和指南。该 App 源于 TNC 发起的"健康树木健康城市的倡议"，旨在保护树木、森林和社区的健康，创造一种管理文化，使公众参与长期管理和监测各自社区的树木	https://www.conservationgateway.org/ConservationPractices/cities/hthc/Pages/default.aspx
	城市生态空间规划（绿图） Urban Greenprint	为应对快速城镇化带来的生态问题和城市宜居程度下降，TNC 开发了一套城市生态空间规划系统解决方案——绿图，能够识别对于人类社会和自然都具有重要价值的生态空间，以确保城市生态安全格局，提升城市宜居程度和可持续发展	详情咨询：china@tnc.org（大自然保护协会 TNC）
	城市评估在线地图 Cities Assessment Online Map	使用 ESRI ArcGIS 服务器技术构建的在线城市地图工具，用于了解城镇化对自然构成的压力、对两栖动物、哺乳动物以及鸟类的影响等指标	http://s3.amazonaws.com/DevByDesign-Web/Maps/Cities/index.html
	种出好空气 Planting Healthy Air	该研究指出，在研究所涉城市中，仅当前的城市行道树就改善了超过 5 000 万城市人口的空气环境。如果全球每年投资 1 亿美元用于城市树木的种植和维护，预计可有效缓解城市夏季极端高温，可使 7 700 万人享受到更为凉爽的城市环境；同时可减少雾霾，帮助 6 800 万城市人口显著降低空气颗粒污染物浓度。报告指出，对于那些正在寻求方法改善空气质量，缓解夏季高温、提升宜居品质的城市，种树或许是唯一的一举多得的方法	https://www.arcgis.com/apps/Cascade/index.html?appid=7fb38bef713d4bca9a411b0fd1079dff

方法	工具/报告	简介	链接
自然教育	青少年自然教育 Nature works everywhere	2012 年 TNC 开发了 "Nature Works Everywhere" 在线教育平台，在美国已经有超过600万的青少年通过该平台学习了环保课程。该平台可以区分三个年龄段，为5～18岁的青少年提供自然科学知识	https://www.nature.org/en-us/about-us/who-we-are/how-we-work/youth-engagement/nature-lab/
更多报告的延伸阅读：https://www.nature.org/en-us/what-we-do/our-insights/city-growth/; https://www.nature.org/en-us/what-we-do/our-insights/infrastructure/; https://www.nature.org/en-us/what-we-do/our-insights/public-health/; https://www.nature.org/en-us/what-we-do/our-insights/indigenous-peoples-local-communities/			

8

"自然—经济"的
可持续发展
循环模式

—

"Nature-Economy",
Sustainable Development
Cycle

2020年是不平凡的一年，COVID-19的大流行给经济和社会带来沉痛的打击。对人类健康和全球经济产生破坏性的影响，使公共卫生和金融系统不堪重负，甚至濒临崩溃，同时威胁到粮食安全。截至2020年6月，各国政府和国际社会各界已投资近9万亿美元，试图抗击疫情给人类和经济社会带来的直接影响。尽管如此，预计2020年全球经济仍将收缩3%，这将直接影响数百万人的就业和生计（Deutz et al., 2020）。人类活动导致的自然环境破坏使人类与野生动物之间微妙的平衡逐渐土崩瓦解。COVID-19并非个例，在生物多样性急剧丧失的这段时期里，SARS、MERS、埃博拉等人畜共患疾病的暴发使全球各地的经济和人类生存遭受重创。与自然相关的风险已导致经济大幅减速，并可能引发一场结构性经济危机。鉴于自然生态系统的复杂性及其与人类的相互依赖性，人类社会应充分反思与自然的关系并重新定义自然的价值，从而规避未知的社会、经济和生态风险。

在未来的30年间，地球将面临人口快速增长与更大自然资源压力的问题。到2050年，全球人口将增至97亿，预期全球粮食需求将增长54%，能源需求将增长56%。若经济发展不做改变以"一切照旧"的模式推进，人类将面临不断加剧的环境资源崩溃及其带来的经济发展阻碍和生存危机（TNC, 2018）。目前各国政府正在制订经济刺激计划，动员大量资金来应对COVID-19危机带来的经济后果。在这一过程中，需要充分挖掘并正确认识自然的价值，引导行业向自然友好型经济转型。经济的发展和商业的繁荣与自然息息相关，全球超过半数的GDP在一定程度上依赖于自然及其服务，这至少涉及了44万亿美元的经济价值。然而全球80%的生物多样性丧失可以归因于三大社会经济部门，分别是粮食、土地和海洋，基础设施和建成环境系统，能源和开采系统（WEF, 2020a）。

提升社会和环境韧性，促进经济可持续发展，迫切需要一场以NbS为核心的经济发展模式的范式转型。这是一条可以为自然和人类带来双赢的道路，通过对上述三大经济体系的改革，可以释放约10万亿美元的商业机会（N4C, 2020）。在正确和全面地认识自然价值的基础上，一方面要有效地规避不良经济体系给自然带来的额外伤害，另一方面要通过自然受益型产业的发展以及绿色金融等多元化资金模式的运用，促进社会经济发展模式整体"向绿"，使经济稳定增长的同时带来自然的净效益。此外，要在相关激励政策的引导下，充分发挥科研机构、企业、社会组织、公众等各利益相关方的能动性，深入调动各方的积极性，发动全社会广泛关注 NbS，多方积极参与落实 NbS。使 NbS 与经济社会发展形成循环式互哺，在确保产生自然净效益的同时，最大化生态系统服务价值，促进经济可持续增长，推动社会经济逐步向自然受益型转型。在经济可持续发展的同时，引入绿色金融、发展自然受益型产业，使多元化的资金机制创新支撑 NbS 的有效和长期实施，由此推动形成"自然—经济"创新型可持续发展循环模式（图 8-1）。

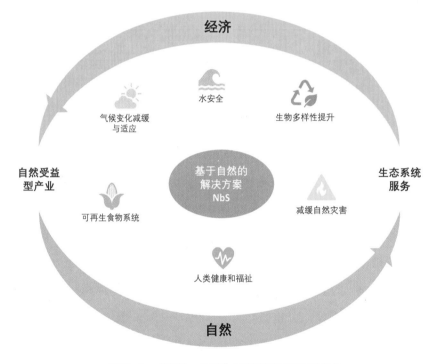

图 8-1　"自然—经济"可持续发展循环模式

　　人类的危机源于无意识的逆转自然规律，人类的幸运源于自然蕴含的无限可能。人类越来越深刻地意识到社会经济可持续发展与自然资源保护之间的深刻内在联系。倡导投资自然，寻求社会发展和自然受益的平衡点，采用多元化资金机制和多方参与模式推动 NbS。使金融和社会资本赋能自然资源保护，激励更多的专家、政策制定者、投资者、私营部门、社会组织参与到以资金机制构建和绿色转型为基础的自然资源保护工作中。逐步探索出经济可持续发展的新动力，即转变经济发展模式，推动产业绿色升级，运用 NbS 激发社会经济可持续发展和自然保护的良性循环，打造自然受益型经济。

8.1   NbS 激发社会经济可持续发展

在人类社会经济发展历史上的很长一段时间里，自然常被认为是一种永远不会枯竭的资源，人类曾凭借其自身的智慧增长和科技发展，高度信赖自己的创造能力以及对自然界的掌控能力。在 20 世纪的大部分时间里，自然保护一直被视为边缘性议题。直到 21 世纪初，随着气候变化、水和环境危机等造成的灾害频发，其后果已严重威胁到人类的生存和可持续发展，人们才逐渐意识到自然在帮助人类应对各种灾害中的重要作用，开始重新审视自然的价值。

生态产品是自然资源经济学属性的重要载体，是人类正确认识自然价值的知识产物。党的十八大报告在将生态文明建设纳入中国特色社会主义事业总体布局的顶层设计中时，明确指出"要增强生态产品生产能力"，首次提出"生态产品"这一概念，维系良好的生态产品是生态文明建设布局中"神经中枢"的关键环节（张兴等，2020）。生态产品是指在不损害生态系统稳定性和完整性的前提下，生态系统为人类生产生活所提供的物质和服务，主要包括物质产品供给、生态调节服务、生态文化服务等（高晓龙等，2020）。生态产品价值实现是新时代、新发展周期的新型生产力与生产关系的重塑过程，也是满足人民日益增长的美好生活需要的必然要求。生态文明建设的重要核心是"绿水青山就是金山银山"理念，即正确认识自然资源的经济学价值。

自然资源具有公共产品属性，其所能提供的价值具有外部性[1]特征。权属不明、边界不清，导致市场机制不能合理的实现其优化资源配置的基本功能。由于没有定价主体、无法全面估值，自然资源价值往往被忽视或低估，极大地扭曲了成本和收益作为市场主体的经济学关系，导致市场无效率甚至失灵。外部性问题如果不能得到解决，将导致生态系统持续恶化从而使人类失去赖以生存的环境。这种几乎"免费"的自然资源对价，在商业社会发展的经济逻辑中，使得以消耗自然资源为基础的低投入高利润的行业迅速发展壮大。

例如，依赖水资源的饮料和酒类跨国公司，其利润的角逐大大依赖于水资源的"免费性"，如果将水源和品牌都拿走，公司的价值便所剩无。这些公司不仅

---

1   外部性（Externality）是指个体经济单位的行为对社会或者其他个人部门造成了影响（例如环境污染）却没有承担相应的义务或获得回报，亦称外部成本、外部效应或溢出效应。

使用大量的水，它们的用水活动还关乎到成千上万个居民社区是否能够可持续地获得干净的水源。依靠水资源带来的商业利润，绝大部分来源于自然的价值。正是由于水资源的价格远低于其实际价值，商业用水活动并未大规模融入可持续措施，长此以往，尽管没有人能预言下一次水危机出现在何处，但它终有一天会发生。提高水资源管理效率，开展水资源保护和可持续利用，能够在保证水资源永续利用的同时，确保以水资源为基础的商业活动的可持续。而水资源在地球上的生物化学循环，是一个科学的系统过程，需在对商业用水公司的水足迹进行科学有效的分析的基础上，制定规划，明确可持续的保护和利用模式。在这一过程中 NbS 提供了切实可行的操作及实证。

　　渔业资源也是自然价值的绝好例证。渔业驱动着全球海湾地区的经济发展，是超过 10 亿人的主要蛋白质来源。然而目前 80% 以上的渔场产量都超出了可持续发展的阈值，严重威胁着渔业的可持续发展，使渔业资源利用现状和未来发展趋势处于崩溃的边缘。全球渔业产量从 1950 年的 2 000 万 t 一跃增长到 2014 年的 1.67 亿 t，其中 87.5% 用于人类消费（FAO，2016）。随着人口增长带来的食物需求量的增加，资源和需求之间的矛盾将会进一步恶化。20 世纪 90 年代末，9 种长寿石斑鱼已经枯竭，5 种最重要的经济鱼类产量也降至历史水平的 10% 以下。自然资源一旦遭到破坏，其修复代价和时间成本非常之昂贵，例如石斑鱼生长缓慢，想要修复其种群数量至少需要 50 年时间，而其他一些鱼类物种则可能需要上百年（Tercek et al.，2013）。

　　到 2050 年，全球人口总数很可能突破 90 亿，人口不仅面临数量上的增长，还会面临需求增长。随着不断提高的生活水平的驱动，几十亿人将在大家的共同努力下逐步在几十年内脱离贫困。新增人口和新增财富会带来对食品、水、能源及空间的更大需要。除了直接把自然资源当作产品的采矿、采伐森林、海底拖网捕捞等显而易见的破坏之外，很多高度依赖自然资源和生态系统的行业也会受到毁灭性打击。除了传统意义上的生态系统之外，错综复杂的气候变化问题也日趋严重。大自然的生态系统所承受的压力将会越来越大。然而随着人类的发展，人类让自然付出的代价，往往就是让社会付出的代价。

　　在过去的几十年里，昆虫和蝙蝠等传粉者数量在全球范围内急剧减少，"昆虫末日"一说出现在各类媒体的话语里，有报道称美国在同一时期损失了大约 30

亿只鸟类。造成这种损失的原因之一是农业的扩张和基础设施的营建导致的栖息地破坏，另一个原因是杀虫剂的广泛使用，对大量授粉昆虫产生杀戮式的影响。据统计，全球传粉昆虫的消失将导致农业产出每年下降约 2170 亿美元（Deutz et al., 2020）。高度依赖自然的三大部门创造了近 8 万亿美元的经济增长，分别是建筑业 (4 万亿美元)、农业 (2.5 万亿美元)、食品和饮料业 (1.4 万亿美元)，这相当于德国经济规模的两倍（WEF，2020a）。世界银行发现，管理良好的自然基础设施可以提供持续的经济效益，这对低收入国家尤其重要，在这些国家，自然资本几乎占到财富的一半（Glenn-Marie et al., 2018）。世界人口的 25%（16 亿人）依靠森林资源维持生计[1]，而森林等自然资源除了可以提供可持续生计外，还发挥着应对气候变化、提供淡水资源、保障人类健康等多种功能。研究表明，每年向可持续食物和土地利用系统投资 3 500 亿美元，到 2030 年，每年可以在全球范围内创造超过 1.2 亿个新的就业机会和 4.5 万亿美元的商业机会，与此同时，每年为人类和地球减少 5.7 万亿美元的损失。该项投资的全部收益预计将超过投资成本的 15 倍（FOLU, 2019）。世界经济论坛的报告也指出，包括采取再生农业实践和减少城市扩张在内的 15 项"自然受益"的系统性转型，为商业勾勒出一幅全新的蓝图，能够在 2030 年前创造高达 10.1 万亿美元的商业价值和 3.9 亿个就业岗位（WEF，2020a）。

由于商业对日益减少的自然资源的依赖，全球超过一半的 GDP（约 44 万亿美元经济价值）正处于风险之中（WEF，2020b）。加之 COVID-19 带来的全球前所未有的经济动荡，世界正处于加速变化之中。在政府和企业寻求刺激增长之际，面对气候崩溃和自然危机，人类社会和商业发展亟须开辟一条尊重自然、与自然共同繁荣的经济增长模式，"一切照旧"不再是选项之一。自然的衰退及生物多样性的丧失往往是不可逆转的，一旦某一物种灭绝，便无法再生。然而，自然对人类的服务又存在无限性，即只要其完整和健康程度得以保存，自然的价值及其向人类提供的服务永远不会褪色。

自然对全球经济的贡献高达每年 125 万亿美元，将 NbS 融入商业项目中，能够为企业创造持续增长的机会。NbS 的实施可以降低商业活动成本，创新盈利模式和增加收入来源，增强企业社会责任和公众信赖度，与此同时提供多重环境效

1　FAO, Forests and poverty reduction: http://www.fao.org/forestry/livelihoods/en/.

益（EIB，2020）。尽管商业群体逐渐意识到自然的价值，但如何正确地运用 NbS 投资自然却成为挑战。为帮助企业和投资者快速识别可行的 NbS，并找到最佳财务架构将其充分融入商业运作中，欧洲投资银行近期发布的相关指南提出了投资 NbS 的七步走，包括了解融资信息、明确商业模式和预期效果、评估经济现状、预测现金流走向、明确关键风险和防控措施、分析资本结构和来源、评估法律架构。该指南受众较为广泛，可以是关注 NbS 并希望将其纳入商业活动以提高绩效的企业家，有志将商业模式和保护理念进行跨界融合的保护组织，试图抵消其业务对环境影响的商业公司以及希望支持环保项目的金融机构等。商业投资者在充分了解自然价值的基础上，需要对 NbS 投融资项目进行合理的资源规划才能最大限度地将自然价值与商业诉求相融合。

8.2　多元化资金机制推动基于自然的解决方案

尽管 NbS 在激发社会经济可持续发展中的重要作用逐渐受到关注，然而在现有资金池与应对社会和环境挑战急迫需求下，NbS 的大规模实施仍然存在巨大的差距。传统的自然保护工作资金大多来源于政府和慈善捐赠，其资金体量和持续性较弱。长期稳定的资金投入是支持以 NbS 持续应对社会挑战的重要基础。相关研究指出，能够帮助提升生物多样性的 NbS 资金可以被划分为三个组分（Deutz et al.，2020）：陆地和海洋生态系统保护；农田、草地、森林、海洋等具备生产性能的生态系统的可持续管理，在保护生态系统完整性的同时，最大化发挥关键生态系统服务；城市边缘地区的生物多样性保护和水污染管控。

从某种程度上讲，商业群体必须意识到只有重视自然的价值，为自然保护赢得关键的 10 年时间，才有机会持续参与到全球化可持续发展的大循环。逐渐使资本"向绿"发展，历经绿色转型后的主流商业才具备可持续资本。应将追求单一财务回报率的固有投资思维模式逐渐转变为自然受益型的"双底线投资人"，即同时追求经济和自然回报（邱慈观，2019）。使多元化金融和政策机制充分融入 NbS 的激励和推动，政府、学界、商界、社会组织等多利益相关方从不同的角度发挥其特有职能分工协作。出台 NbS 相关的投融资政策，帮助以 NbS 为基础的投资和产业模式变革应对潜在风险，确保商业在变革期维持稳定的市场利润并呈现跨越变革期的向好趋势，为 NbS 投融资提供必要的市场条件，为商界在向自然受益型产业的转型中放手一搏奠定坚实的政策基础，激励商界和投资人的传统资本融入自然保护。

8.2.1 绿色金融推动 NbS

8.2.1.1 绿色金融

绿色金融是一种综合性的解决方案，目的是以市场化手段促进经济发展模式转变和产业结构转型升级。从参与方来看，绿色金融以政府、金融机构、社会资本等多方为主体，各方发挥各自优势形成合力，以基金、债券、保险、信贷、证券等金融业态，为绿色产业发展和转型注入资金（郭子源，2020）。绿色金融是以解决环境问题为核心提出的有别于传统金融模式的创新金融体系。一方面要促进环境和经济社会的可持续发展，引导资本流向资源节约型和自然受益型的商业和保护产业；另一方面要保障金融业自身的可持续发展。

2016 年中国人民银行、财政部、国家发展改革委、环境保护部、银监会、证监会、保监会印发《关于构建绿色金融体系的指导意见》，旨在鼓励构建绿色金融体系，推动证券市场对绿色投资的支持，动员各级政府与社会资本紧密协作发展绿色产业，在发展绿色保险和信贷的同时，加强国内外、行业间的合作以及金融风险防控。随后人民银行又通过绿色再贷款[1]、宏观审慎评估（MPA）[2]等措施的强化落实，引导金融机构扩大绿色金融业务。尽管近年来中国政府积极出台相关绿色金融激励机制和指导性文件，然而我国绿色金融体系尚处于发展和探索的初期，仍存在市场供需失衡、发展动力不足等现实问题（孟丽君等，2020）。

由于自然资源的外部性特征导致其难以定价从而不能直接转化为经济效益，因此从财务回报率上看，绿色金融项目的投资回报率通常较低。同时，企业相关环境信息的披露不规范且标准不一，导致绿色金融投资人难以评判可行性。由于自然生态系统自身循环发展特征，环境效益的获得通常需要时间较长，因此绿色产业很多属中长期项目，当前银行系统所能提供中长期贷款的能力有限，从而在一定程度上制约了绿色项目的融资能力（马骏，2016）。

1　绿色再贷款：持有合格的绿色债券、绿色信贷的银行业金融机构可以通过多种货币政策工具获得人民银行提供的较低成本的抵押融资，期限不超过一年，但可以展期。
2　宏观审慎评估体系（MPA），指商业银行的评估机制，重点考虑资本和杠杆情况、资产负债情况、流动性、定价行为、资产质量、外债风险、信贷政策执行七大方面。

尽管存在上述问题，绿色金融的关注度和参与度仍在蓬勃发展。大量传统投资机构逐渐进入绿色金融领域，以借助相关投资管理声誉风险、提高公众好感。随着气候变化、生物多样性丧失、公众健康危机等社会及环境问题越发严重，国际货币基金组织（IMF）和欧盟鼓励各国政府大力推动绿色金融来应对这些危机，同时将其作为绿色复苏计划和更可持续的经济增长战略的重要组成部分（IMF，2020）。2019 年 2 月，国家发展改革委联合中国人民银行等六部委印发了《绿色产业指导目录（2019 年版）》，为我国绿色金融的推行和相关标准制定提供了重要参考。该目录列举了节能环保、清洁生产、清洁能源、生态环境、基础设施绿色升级、绿色服务 6 大产业类别。NbS 的理念和方法可为其中大量绿色产业赋能，并提供创新型的解决方案，而绿色金融机制的不断优化，也将为 NbS 的长效性推动带来原生动力。

8.2.1.2　ESG 责任投资

责任投资原则（PRI）指出，兼具经济效率和可持续性的金融体系才能保证长期创造价值，负责任的长期投资才能获得回报，并惠及整个环境和社会。PRI 认为负责任投资应将 ESG 因素纳入投资分析和决策中。ESG 是指企业在环境（Environment）、社会（Social）和公司治理（Governance）方面的实践。环境类可以包括应对气候变化、保护水资源、垃圾和污染治理等；社会类包括社区援助、人类健康和物理安全、员工关系及平等性等；治理类包括税务策略、董事会多元化结构、贪污受贿治理等。ESG 的相关实践还有很多，且随着科学技术创新和时代进步仍处于不断变化中。

20 世纪 70 年代是 ESG 投资的萌芽期，然而环境、社会、治理三类议题的崛起时间不一，其中社会问题最早受到关注。随着 1987 年联合国在《我们共同的未来》中明确了"可持续发展"一词，并强调了日益严重的气候变化问题，ESG 中的环境议题开始浮现。治理议题是随着 21 世纪初期企业管理丑闻频发而逐渐受到关注。截至 2016 年，全球 ESG 投资占基金经理人专业管理资产的 26.3%，从全球水平看，ESG 投资的资金体量较大。然而受经济发展水平、文化、法规等影响，ESG 投资目前在全球各区域的分布有所不同，欧洲以 52.6% 的占比居于高位，其次是澳大利亚、加拿大和美国，分别占比 50.6%、37.8%、21.6%，亚洲以 0.8% 的占比居于末位（GSIA，2016）。国内首只 ESG 公募基金于 2008 年才由兴全基金启动，其后每年都有一两只基金或指数出现，但支持度低，流程中亦少有行业对话及专业参与（邱慈观，2019）。ESG 投资在我国金融行业中仍属于"特色市场"范畴，未及主流，仅 1% 的投资机构制定了组织层面的 ESG 战略且贯彻到具体投资中，仅 7% 的机构设置了 ESG 专职人员且形成制度（中国基金业协会，2018）。

针对全球环境问题，金融行业不能直接解决问题，但可借助其投融资功能，以资金驱动有效的解决方案。同理，投资人亦不能作为问题的直接解决方，而可以投资的形式带动 NbS 的创新和实践，为环境问题的解决奠定重要的资金基础。从这一层面上讲，资金管理行业应赋予投资人更多环境治理的参与机会，运用 ESG 的相关披露信息，将他们的资金导入环境治理相关的实体企业。投资人对 ESG 投资与日俱增的热情无疑为 NbS 的推动提供了长效性的金融动力，然其背后的推动力则无外乎法规条款、受托人职责理念、PRI 等国际化推动、NGO 及媒体的外部监督压力等。欧美 ESG 投资在全球占比高，NGO 的参与式推动成为重要的驱动力；反之社会体制决定的 NGO 发展程度低、话语权弱，因此亚洲 ESG 投资占比整体偏低。然而在特定的社会体制下，相关激励机制的创新和政策的出台可以在一定程度上弥补外部监督压力的不足，因此要充分调动政策制定者的积极性和能动性，使其充分意识到在经济绿色转型背景下，以 NbS 推动社会经济可持续的重要意义。

2020 年新冠肺炎疫情的暴发加速了 ESG 投资在中国私募股权市场的渗透，大量机构投资者及企业开始主动承担社会责任。且随着近年来气候和生物多样性等环境问题的凸显和热议，大量 ESG 投资将逐渐涌入环境议题。NbS 作为使自然和经济双重受益的创新型解决方案，能够保障环境议题下的 ESG 投资的回报率和有效性，确保 ESG 的环境议题投资以正确的导向进入环境市场，在最大化环境效益的同时带来预期的财务回报。

8.2.2　自然受益型产业推动 NbS

世界经济论坛的研究指出，以粮食、土地和海洋利用系统，基础设施和建成环境系统以及能源和开采系统为代表的三大关键社会经济系统必须实现向自然受益型模式的重大转变，这三大系统贡献了全球 1/3 的经济产值和 2/3 的就业机会（WEF，2020a）。2020 年 9 月全球环境基金（GEF）、世界可持续发展工商理事会（WBCSD）、TNC、世界资源研究所（WRI）等14家机构联合向全球政策制定者发布宣言，以期到2030年实现自然受益型社会的全面转型。尚未有研究对自然受益（Nature—positive）进行概念性解读。综合其他相关研究，作者认为自然受益是要保证不损害自然或增加自然净收益，自然受益应作为解决一切社会问题和人类发展的前提，这与NbS的核心目标相一致。推动向自然受益型产业的范式转型，在帮助企业产生巨大经济效益的同时，也将有助于规避自然资源持续退化带来的商业风险，有利于满足投资人、政府、社会公众等利益相关方对企业的期望和要求。

联合国开发计划署（UNDP）署长阿奇姆·施泰纳强调："企业可利用其丰富的专业知识、资源和生产方式促进可持续发展"。事实上，实现全球可持续发展目标（SDGs）所需要的2/3资金、资源和技术都来源于企业。越来越多的企业也意识到两个重要的事实：一是人们依赖自然的方式远比想象中复杂；二是自然资源并非取之不尽、用之不竭，过度消耗和不合理开发利用正在且将会给予商业发展重击。企业常出于对相关政策条例以及企业形象、公众信赖度等基于企业社会责任（CSR）[1]层面因素的考量，而对自然议题下的项目进行支持。就公司业务与CSR活动之间的关系而言，可将其CSR行动分为"整合型"和"独立型"两类，前者与企业自身业务结合度高，常与研发紧密结合，获得环境或社会效益的同时，对企业自身可持续商业模式进行优化和创新；后者与企业自身业务无关或结合度不高，通常属慈善捐赠类社会公益行为。企业社会责任的主要目标是使企业的社会和环境活动与其商业目标和价值相一致。在实际执行中，大多数公司都在践行一种多层面的企业社会责任，从纯粹的慈善事业到环境可持续性，再到积极追求共同价值。

NbS的具体措施可归为对生态系统的保护、修复和可持续管理，各类措施可从不同角度分别服务于企业社会责任活动，反之企业社会责任投资和披露又能极大程度上提高NbS产生的生态系统服务改善所带来的经济、社会和环境效益。NbS多样化的项目类型和参与方式，为企业社会责任行动提供了多样化的选择，独立型的CSR活动热衷于选择以生态系统保护和修复为主的NbS项目，可使环境

1　企业社会责任（Corporate Social Responsibility, CSR）是指企业不再局限于谋取利益，而承担起超出法律所要求的有利于社会公益的责任与行为（McWilliams et al., 2006）。

和社会效益最大化。亚马逊集团承诺投入 1 000 万美元，与 TNC 合作保护和修复阿巴拉契亚山脉和美国其他地区共计 400 万英亩的森林。这是典型的独立型 CSR 行动，与亚马逊集团自身的业务无关，对森林生态系统的保护和修复措施在帮助其兑现其 2040 年碳中和承诺的同时，带来生物多样性保护、水源涵养、保育土壤、净化大气环境等多重环境效益。而整合型的 CSR 活动则更青睐于以生态系统可持续管理为主的 NbS 项目，特别是其自身业务与自然资源利用直接相关的企业。全球领先的农业科技公司先正达集团与 TNC 在支持可持续农业实践领域的合作已长达 10 年，2019 年，双方宣布了一项以创新型自然投资为主的合作，致力于促进全球主要农业区的土壤健康、资源使用效率和栖息地保护，免耕、农田养分管理、覆盖作物种植、蜜源植物等基于生态系统可持续管理的 NbS 成为这一项目主要的行动措施。这一合作汇集了先正达的农业科技研发能力和 TNC 在自然保护领域的专业经验和知识，双方合力推进自然受益型的可持续农业实践。这是典型的整合型 CSR 行动，在产生经济、社会和环境多重效益的同时，促进先正达自身研发和业务向自然受益型产业的可持续转型。

为了最大限度地发挥企业对其所处社会和环境系统的积极影响，企业必须制定系统性的企业社会责任战略，同时对社会和环境效益进行科学监测评估和及时报告披露。将 NbS 的核心理念融入企业社会责任战略中，同时要尊重自然规律，充分了解在 CSR 战略中对 NbS 项目的投资回报具有长期性和可持续性，摒弃短期获利性心态。此外，企业在投资 NbS 的过程中要确保从项目设计到实施遵循相关法律法规和 NbS 全球标准（Rangan et al., 2015）。

将"自然收益"加入"股东权益"，使 NbS 在经济绿色转型中发力，激发绿色金融投资创新和自然受益型产业良性循环，促进社会经济动态提升，引导多元化资金投向自然，自然资源获得的保值增值也终将反馈到投资人和产业本身。

8.3 构建基于自然的解决方案的多方参与机制

环境问题愈演愈烈，其导致的后果逐渐成为影响全人类的社会性问题，如气候变化、生物多样性丧失、水资源和粮食危机、自然灾害频发、人类健康障碍等，面对影响程度和波及范围如此之广的环境问题，传统的保护学理念已经无法全面解决问题。NbS 跳脱出传统的保护学思维，融合保护生物学、生态学、经济学、社会学等多学科交叉的复合知识体系，以解决社会和环境挑战为主要目标。多方参与机制的构建和以此为基础的资源跨界整合，是大规模推进 NbS、有效解决上述社会问题的关键。

在环境治理中，引入多利益相关方的多中心治理模式在公共管理学中被认为优于传统模式，一方面可以降低管理成本、提升效率，另一方面可以促进自然资源外部性的内生化（Zingraff-Hamed et al., 2020）。随着环境问题复杂性的提升，环境治理已不再是政府主导下的自上而下的传统治理模式，而逐渐转变为一种政府、私营部门、社会组织、研究机构等多利益相关方共同参与式的合作治理模式。

8.3.1　政策激励和监管

NbS 的有效实施要求全社会转变自上而下的传统治理模式，政府不再是治理全过程的中心，但仍需担负着方向指引、政策改革和制定以及关键行动节点的监管职能。有关激励政策和监管要求的出台，可以在很大程度上提升各利益相关方在多中心治理过程中的能动性。过去，我国已探索制定了一系列形式多样、行之有效的环境治理政策激励机制，包括重要生态功能区财政转移支付、创新完善绿色金融产品服务、引导社会资本为发展绿色产业提供资金等。

生态补偿是以对生态系统的保护、修复和可持续利用为主要目的，以经济和政策手段调节各利益相关方的利益关系，调动生态保护积极性、避免损害环境的行为。生态补偿中的经济和政策手段可以包括环境财政和税收政策、市场化机制、立法监管工作等（孔凡斌，2010）。2020 年 12 月，国家发展改革委在前期广泛调研和专家论证的基础上，研究起草了《生态保护补偿条例（公开征求意见稿）》，该条例的正式出台将为生态补偿中厘清法律关系，确定各方的权利义务，分配相关主体的合法利益，推进生态环保合作并维护良好的环境资源利用秩序等提供准则。

生态产品是指维持生命支持系统、保障生态调节功能、提供环境舒适性的自然要素，生态产品通常具有公共产品的两种本质属性，即消费的非排他性和非竞争性（曾贤刚等，2014）。实现"绿水青山就是金山银山"价值要求注重生态产品价值的实现。2017 年 10 月，《中共中央　国务院关于完善主体功能区战略和制度的若干意见》中首次对生态产品价值的实现提出了具体要求，要建立健全生态产品价值实现机制，挖掘生态产品市场价值，科学评估生态产品价值，培育生态产品交易市场。同时明确了贵州、浙江、江西、青海4个省份作为开展生态产品价值实现机制的试点省份。

相关国际公约框架下的承诺，如 UNFCCC 框架下的国家自主贡献和 CBD 框架下的国家生物多样性战略和行动计划等，也为国内环境治理相关的政策制定创造了良好的国际环境和公众基础。2020年9月习近平总书记在联合国大会上发表的重要讲话中，做出"2030达峰，2060碳中和"的重要指示。2020年10月20日，生态环境部、国家发展改革委、中国人民银行等五部门正式联合印发《关于促进应对气候变化投融资的指导意见》，对未来5年内中国气候投融资发展做出战略部署，提出要稳步推进碳排放权交易市场机制建设，建立健全碳排放权交易市场风险管控机制，逐步扩大交易主体范围。金融机制在环境治理中的创新应用对推动 NbS 大规模开展具有重要意义，使其在实现高效环境治理的同时帮助人类应对多重社会挑战。

近年来，随着国力增强、人民生活水平和精神文化层次的不断提升以及环境治理理念和方法的不断创新，我国出台了一系列形式多样的环境治理政策，极大地提高了环境治理成效，成为推动多方积极参与环境治理的原动力。NbS 顺应我国环境治理推陈出新、不断发展的步伐，为下一步环境治理政策的制定提供了创新性借鉴。在环境治理政策的优化和制定中，要确保以使自然受益为根本原则，确保政策导向下不出现损害自然的行为；带动多方积极性，发挥多中心治理模式下的多中心监管职能；加强政策制定中的多方沟通和对话，确保环境治理政策的相关规定在各方可接受范围内，最大化满足各方利益。

8.3.2　私营部门的主体地位

私营部门在以 NbS 开展环境治理的实践中具有目标明确、管理效率高、创新能力强等优势，在政府相关政策的激励和监管下，应明确私营部门在以 NbS 为核心的环境治理中的主体地位，私营部门领导作用的发挥对相关政策的落地执行具有重要意义。作为自然资源的直接管理者和利用者，私营部门应发挥自身优势，将 NbS 融入创新研发、物料采集、生产制造、供应销售、回收利用，使自然受益的思想渗透到产品价值链的各个环节中，将传统单一价值诉求的产业结构向自然受益型产业结构转型。与此同时，要利用金融模式创新优化私营部门在进行产业转型过程中的投融资条件；加强政策激励机制的配套出台为产业转型扫清障碍；科研机构应加强应用型科学的研发，强化其科研成果和技术的落地实操性；NGO在提供其实践经验和专业知识的基础上，给予私营部门一定程度的外部监督压力。

纵观人类发展历史，从采集渔猎作为物质生产活动的原始文明，到以农耕文化为基础的农业文明，随后工业革命开启了工业文明的新纪元。党的十七大报告提出，要"建设生态文明，基本形成节约能源资源和保护生态环境的产业结构、增长方式、消费模式"。历史上每一次文明的变革都是从当前社会重大挑战和主要矛盾出发，为优化人类生存和发展环境而客观发生的，生态文明的提出顺应时代特征和历史潮流，是人类社会发展的必然趋势。每一次文明的变革从本质上讲都是生产方式的大规模改变，因此生产者即私营部门在生态文明建设中的主体地位不应发生动摇，应充分运用多元化资金和政策机制的赋能作用，多方参与不断引导和助力产业结构优化，将 NbS 融入向自然受益型产业模式转型的全过程，最终实现生态文明建设的伟大历史使命。

8.3.3　多方参与平台建设

以 NbS 为核心的多中心环境治理模式，在要求各利益相关方充分发挥各自优势推动治理成效提升的同时，还要注重多方交流共建，以确保多中心治理形散而神聚。在相关科研机构和社会组织的引领下，多个以 NbS 为核心的多方参与平台受到各界的广泛关注，这些平台旨在引导各方进行知识交流和经验分享，广泛地开展以科学为基础的理论和实践方法创新，NbS 实践经验的总结和方法创新等工作。

由牛津大学自然和社会科学家团队组建的 NbS 中心（Nature-based Solutions Initiative，NbSI）[1] 是颇具代表性的以科学基础和政策影响为导向的平台，致力于充分了解 NbS 在应对全球挑战中的潜力，并通过科学和实践证据支持其可持续实施，与其国内外自然保护与社会发展领域 NGO 合作，共同为商业、政府和联合国的决策者提供建议。全球公域联盟（Global Commons Alliance，GCA）[2] 是在2019年由 26 个全球领先科学和保护机构共同发起，致力于关注全球生物多样性、

1　Nature-based Solutions Initiative. https://www.naturebasedsolutionsinitiative.org/.
2　Global Commons Alliance. https://globalcommonsalliance.org/.

气候、土地、海洋和水五大公共领域，目前已有超过 50 家机构加入该联盟。科学目标网络（Science Based Targets Network，SBTN）[1] 是由 GCA 牵头 25 个机构共同成立，旨在以科学为基础帮助私营部门、投资者和城市管理者制定合理的目标，在应对气候变化的同时，减少商业和城市建设对全球陆地、海洋、淡水和生物多样性的影响，并致力于保护和修复关键生态系统。NbS 在这一目标的实现过程中发挥着重要作用。

除了以 NbS 应对全部社会挑战为核心的多方参与平台建设，也有针对某一单一领域的平台建设，这些平台具备专业性更高、目标更明确的特征。自然气候联盟（Nature4Climate, N4C）[2] 由 TNC 发起，16 个全球领先的保护组织、多边和商业机构组成，致力于推动包括政府、社会组织、企业和投资者在内的以基于自然的气候变化解决方案（Natural Climate Solutions，NCS）为核心的气候治理。近期，N4C 发布了 NCS 潜力地图识别工具（NCS World Atlas）[3]，帮助利益相关方了解造林、森林经营管理、农田养分管理、草地管理、湿地保护等多种 NCS 措施在减缓气候变化中的潜力，该工具可作为证据基础支持决策制定和战略设计。我国首个 NbS 平台——基于自然的解决方案应对气候变化（C+NbS）由清华大学气候变化与可持续发展研究院联合 TNC 等国内外领先环保机构共同成立，旨在助力中国成为 NbS 的国际引领者，帮助更多的发展中国家在科学应对气候变化的同时，实现发展和保护双赢。

事实上，以 NbS 为核心的多方参与平台还有很多，这些平台对 NbS 多方参与机制的构建、NbS 科学方法创新和实践经验总结传播等具有重要意义。为实现以 NbS 为核心的政府主导下的私营部门、科研机构、社会组织、社会公众全社会广泛参与的多中心环境治理，多方参与平台的建设和推进格外重要。

8.4 结语与建议

NbS 是在可持续经济发展中最大化自然资源价值的重要途径，也是确保实现向自然受益型经济的范式转型的核心，以 NbS 推动社会经济可持续，以自然受益型经济的变革和持续发展带来 NbS 的长效性实施，打造"自然—经济"的可持续

1　Science Based Targets Network. https://sciencebasedtargetsnetwork.org/.

2　Nature4Climate. https://nature4climate.org/.

3　NCS World Atlas. https://nature4climate.org/n4c-mapper/.

发展良性循环。要在充分认识自然资源价值的基础上，借助绿色金融、自然受益型产业转型等多元化资金机制推动 NbS。与此同时，坚持多中心环境治理机制，在政策激励和监管下，以私营部门为主体带动科研机构、社会组织等多利益相关方共同参与。为此提出如下建议。

（1）以 NbS 为核心的环境治理要确保多利益相关方的目标一致性。在深入贯彻落实政府、私营部门、社会组织、研究机构等多利益相关方参与的多中心治理模式的同时，在战略制定中识别关键利益相关方的利益诉求、潜在的冲突，制定合理的解决方案。充分运用多方参与平台的开放性优势，在 NbS 推动和实施的全过程中加强不同利益相关方之间的交流和分享。

（2）在 NbS 的推动中明确私营部门的主体地位。在政府的政策激励和监管下，鼓励私营部门将 NbS 理念和方法融入商业运营中，以 NbS 带动创新，优化可持续商业模式，向自然受益型产业转型。同时，也要打造 NbS 项目对多元化资金的吸引力，由纯粹的自然保护向"投资自然"角度转变，即除了对环境效益的考量外，在设计阶段便充分考虑项目潜在的经济和社会效益。

（3）确保 NbS 的推动与国家主流政策相结合。生态文明的核心内涵要求树立和践行"绿水青山就是金山银山"的理念，统筹山水林田湖草系统性治理。NbS 以发挥生态系统服务为核心，以系统性理念统筹生态系统的保护、修复和可持续管理，这与生态文明的核心理念高度一致。NbS 的有效开展必将推动生态文明的主流化，助力我国社会发展和环境保护向生态文明的范式转型。

案例

21

金融机制推动 NbS 保障水安全——纽约水厂

　　发达国家大部分城市的饮用水都需要经过水处理厂的过滤后才可以安全饮用。而纽约市却获得美国国家环境保护局的特别豁免，这是由于其大部分饮用水来自卡茨基尔山脉（the Catskill Mountains）的一个分水岭，卡茨基尔流域内健康的自然生态系统在净化水、提升水质方面发挥着重要作用。因此当卡茨基尔的水流经120英里的森林、湿地和农田，最终到达纽约市后，无须经过工业化的水处理流程，直接可供饮用。

　　然而20世纪90年代末，纽约市的水质开始下降，美国国家环境保护局就此发出警告，若水质下降趋势得不到扭转，则需耗资新建一个具备强大过滤系统的水处理厂以满足纽约市近800万人的饮水需求。这一举措预计将花费60亿~100亿美元，加之每年1亿美元的运维费用，庞大的开支令人望而生畏，给当地财政系统带来的压力无疑是巨大的。在TNC和相关科研机构的帮助下，当地政府开始对卡茨基尔流域内的水源展开调查，调查发现流域内耕地农药、化肥的滥用伴随土壤侵蚀和淋洗流入水源，加之牲畜养殖的粪便，这些都导致了流域内的水质严重下降。

　　流域内生态系统的健康状况决定了水质及后端水处理的复杂程度和所需资金量，不合理的农业和基础设施开发严重威胁下游水质。对于纽约市政府来说，给予当地农民和土地所有者相应的补偿和激励补助，让他们自发地修复和保护流域内的土地，再加上一些土地征用，事实证明，这比建造和运营一个新的污水处理厂要便宜得多。最大化解锁自然的力量，可持续农业措施、保护修复自然生态系统等NbS的应用，能够显著降低或清除流域内对水质的威胁，使两岸的生态系统重回健康状态，则这些健康的生态系统就会成为自然的水源净化系统。这也是TNC著名的以下游付费、源头保护的资金模式为主的"水基金"灵感出现的萌芽时刻。

案例

22

从投资视角看待自然的经济价值——坎伯兰森林项目

　　TNC 在 2019 年 7 月宣布坎伯兰森林项目正式启动，该项目是 TNC 成立 68 年以来在美国东部开展的最大规模的森林保护和修复项目，主要针对阿巴拉契亚山脉中部 25 万英亩（相当于 10 万 hm²）的森林，项目总面积甚至超过美国谢南多厄国家公园。由于该项目土地征用规模十分庞大，传统慈善捐赠的资金投入模式已经无法满足，TNC 引入了一种新的资金筹集方式，以全新视角看待自然的经济价值，将该项目作为一项投资，寻求以影响力为导向的投资者参与其中。

　　项目依靠创新性的融资模式和庞大的资金规模，创造了大大超出仅依靠慈善捐赠和公共资金所能达到的保护成效。TNC 融合多种来源的资金，包括合伙人股权投资、慈善基金会支持、碳补偿销售、可持续木材采伐和生态旅游带来的收益资金，总共花费 1.3 亿美元先后购买了横跨肯塔基州、田纳西州和弗吉尼亚州总共 25 万英亩土地的地上所有权，旨在修复当地自然生态系统、提升生态系统固碳释氧、涵养水源等服务，保证附近社区清洁用水的同时帮助减缓气候变化。与此同时，还遵照森林管理委员会（Forest Stewardship Council，FSC）的标准推动当地可持续林业产业，通过户外休闲娱乐、生态旅游等活动促进当地经济发展，深化人与自然的连接。由于该区的地下矿权属于第三方，项目对采矿活动无管理权，TNC 计划与相关管理部门和矿业公司合作，以科学为基础采用最佳的环境实践和修复方式，尽量减少采矿对当地生态的影响。作为地上土地权属的所有者，坎伯兰森林项目正在争取由采矿公司和当地管理部门提供补偿资金，用于修复因采矿而造成的对地上森林生态系统的破坏。TNC 还与弗吉尼亚大学合作，开展项目成效和影响评估，以确保项目活动以自然为基础且可持续，包括但不限于户外休闲旅游、林业和废弃矿区的回收。

　　阿巴拉契亚是全球重要的生物多样性热点区域之一。随着气候变化，阿巴拉契亚中部山脉将成为北美最重要的野生动物迁徙廊道之一，该区域健康、富有活力的森林生态系统是野生动物抵御气候影响的避风港。此外，该地汇聚了众多至关重要的河流水源，其生态系统的健康程度决定了下游地区的公共供水水质。利用 NbS，发展可持续林业有助于维护森林生态系统的生物多样性和健康程度，发挥森林系统固碳以缓解气候变化的能力，促进当地经济长期可持续发展，同时发挥森林吸附过滤水质污染物的能力，改善并保护附近社区公共用水质量。另外，采用新型融资方式投资生态保护项目，将可持续林业带来的收入回馈给投资者，同时将正在进行保护管理的森林纳入碳汇市场，也可以扩大未来应用此类生态保护方式的投资吸引力。

案例

23

债务换自然——多方推动下的塞舌尔蓝色经济

塞舌尔共和国（以下简称塞舌尔）位处距东非海岸约 1 600km 的西印度洋中，由 115 个岛屿组成，是生物多样性热点地区，其中以珊瑚礁为主的热带海岸带生态系统支撑着这个国家最重要的旅游和金枪鱼捕捞两个产业（Silver et al.，2018）。然而，作为国土面积 99% 以上都是海域的小岛屿发展中国家，塞舌尔不可避免地受到气候变化带来的海平面上升、风暴频发、海水升温等因素的影响，塞舌尔的经济发展与人口安全都面临着严峻的威胁。例如，1998 年和 2015—2016 年的强厄尔尼诺事件导致了海水持续高温，在塞舌尔某些海域造成 50% ~ 90% 的珊瑚白化和珊瑚礁退化（Goreau，1998；Koester et al.，2020）。同时，塞舌尔背负着高额的国家债务。在 2008 年前后受全球金融危机影响，其公共债务总额迅速攀升至其 GDP 的 150% 以上，政府偿还债务的能力面临严峻挑战[1]。

债权—自然置换是由债权方与债务国之间达成的协议，在自愿前提下减免债务国的债务（或利息）。通过此项协议，债务国的债务得以重组，而作为交换，债务国则承诺保护其自然环境，将经减免债务的部分资金投入到生态保护项目上。近年来许多发展中国家面临着外债偿还困难的问题，而应用债权—自然置换这一工具，可以在减轻债务国还债压力的同时帮助债权方解决坏账损失（Buckley，2009）。

2016 年，世界首例以海洋保护和应对气候变化为目标的债权—自然置换交易签署成功，并为此专门成立了塞舌尔保护和气候适应信托（Seychelles Conservation and Climate Adaptation Trust，SeyCCAT）。依托此独立信托，TNC 将通过慈善募捐筹集的 500 万美元捐款和通过影响力投资而来的 1 520 万美元融资贷款借给塞舌尔政府，以共计 2 020 万美元向债权方巴黎俱乐部购买塞舌尔国家债权（图

1　https://seyccat.org/.

8-2）。经过磋商，债权方巴黎俱乐部以 93.5% 的折扣价格出售其所持有的债权，减免了 140 万美元，最终 SeyCCAT 获得价值 2 160 万美元的塞舌尔国家债权。通过这项交易，塞舌尔政府得以以更低的利率、更长还款期限以及更优惠的汇率组成向 SeyCCAT 偿还债务。为达成协议，塞舌尔政府承诺于 2020 年前，成立 40 万 km^2 的海洋保护区（相当于德国面积大小），将受到保护的海洋面积从其海域面积的 0.04% 提高到 30%；且承诺将发展塞舌尔蓝色经济，保护海洋生物多样性和开展气候变化适应工作。在 SeyCCAT 收到塞舌尔政府偿还的本息后，部分资金会相应偿还融资贷款，部分用于支持海洋空间规划和资助海洋保护、气候适应和蓝色经济相关的本土项目，其余资金将用于再投资（Silver et al., 2018）（图 8-2）。

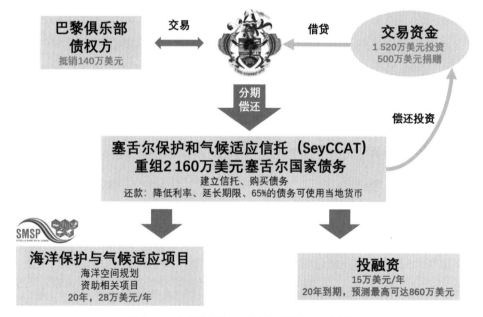

图 8-2　塞舌尔债权—自然置换流程示意图

资料来源：Silver et al.（2018）。

TNC 协助塞舌尔当局开展的海洋空间规划工作已于 2020 年 3 月正式完成，在鼓励蓝色经济发展和应对气候变化的同时，识别需保护的 30% 海洋面积，其中 15% 为高生物多样性保护的禁渔区，而另外 15% 的面积为中等级保护区域，且允许一定程度的可持续使用。塞舌尔的债权—自然置换交易证实了这一创新金融模式在自然保护领域，尤其是在海洋保护和应对气候变化时能够带来的巨大影响。据评估，这一方式适用于全球多达 85 个沿海或小岛屿发展中国家，通过保护海洋、适应气候变化、发展蓝色经济等方式帮助其建设具有韧性的社会经济。

案例

24

鼓励社区参与渔业捕捞管理——阿拉斯加当地渔业基金

阿拉斯加渔业是社区生计和文化认同的关键，其产量占美国野生捕捞业产量的 60%，从业人数超过 3 万人，水产品产值达 60 亿美元，一个多世纪以来一直是阿拉斯加沿海社区经济的支柱产业。根据当地渔业管理政策，包含配额的捕捞权是可以用于转让交易的，随着时间的推移，这些捕捞权不断地被高价转移到更具资本基础的商业公司手中，严重削弱了本地渔民对渔业的参与和管理。在过去 15 年里，进入渔场的年轻渔民数量大幅下降。而本地渔民对渔业资源的管理方式通常是以海洋保护为基础的可持续模式，传统的商业捕捞模式是有悖于此的。

2019 年，TNC 联合 Craft 3、拉斯穆森基金会和 Catch Together 等机构共同以阿拉斯加可持续渔业信托基金会的名义设立当地渔业基金（Local Fish Fund），旨在为社区渔船业主提供融资桥梁，使他们有足够的资金参与阿拉斯加商业捕捞的经营和管理活动，并在此过程中帮助培养下一代渔民领袖。当地渔业基金是一个新的创新渔业贷款项目，它为阿拉斯加渔业社区的下一代商业渔民提供了一个新的融资工具，减少进入商业渔业的障碍，鼓励本地渔民参与海洋管理和政策领导，以此来支持阿拉斯加的渔业社区。传统的商业渔业贷款需要固定的还款，就像住房贷款一样，这给入门级本地渔民带来很大的风险，因为捕捞配额和市场价格在年际间的变动较大。而当地渔业基金的贷款采用"收入参与"的方式，贷款偿还以渔获量为基础，而非固定的贷款偿还结构。除了为本地渔民降低捕捞准入门槛，该贷款方案的另一重要目标是提高海洋管理和可持续渔业管理领域的领导能力。该项目鼓励贷款者参与一套灵活的保护计划，通过收集科学数据开展可持续的渔业管理，同时参与政策和管理决策以及保护教育和推广工作。

本地社区在自然资源管理中有着举足轻重的地位，传统商业模式的大规模进驻很容易在市场化竞争驱使下给当地自然资源造成严重破坏，同时，其一方面会威胁到本地社区对资源的管理权和话语权，另一方面也会对本地社区的生计造成影响。在阿拉斯加，当地渔业基金鼓励当地社区居民参与商业渔业可持续经营和管理，有助于在维系社区生计的同时实现渔业资源的可持续利用。据统计，截至2020年9月，该基金贷款人已累计购买捕捞配额超过30t。

为自然投保——全球第一份珊瑚礁保险

2005 年墨西哥东海岸接连遭到 2 次飓风的打击，导致著名度假胜地坎昆受灾严重，造成共计 80 亿美元的直接和间接财产和经济损失。而同处玛雅海岸的莫雷洛斯港地区的灾情较之坎昆却轻很多，调查发现，大西洋面积最大的珊瑚堡礁系统正位于这一地区，帮助减缓了 26% 的由飓风和风暴引起的灾害损失，起到了重要的海岸带防灾减灾作用。此外，珊瑚礁还降低了沙滩流失，制造了白沙，吸引了上百万的潜水和浮潜爱好者，加速了当地旅游业的经济发展[1]。然而，强风暴会破坏珊瑚礁，削弱其岸线防护的能力。

为了保护坎昆所在的金塔纳罗奥州价值 100 亿美元的旅游业和酒店产业免受灾害影响，TNC 于 2018 年联合墨西哥国家自然保护区委员会（CONANP）、酒店行业协会和州政府成立了海岸带管理信托（Coastal Zone Management Trust），并创全球首例珊瑚礁保险，用来管理和维护分布在尤卡坦半岛沿岸长达 160km 的中美洲珊瑚礁。资金主要来源于该州旅游业税收的一小部分以及当地政府的其他少量资金。该信托主要职能在于：支付基于科学的珊瑚礁和沙滩的日常管理和维护；为珊瑚礁和沙滩购买保险，当一定强度的风暴造成珊瑚礁和沙滩破坏时启动赔付，投入珊瑚礁和沙滩的修复行动；在受灾情况不足以启动保险赔付时，支付自发的珊瑚礁和沙滩修复工作。这一珊瑚礁保险是在瑞士再保险公司的技术支持下开发的参数化险种，区别于传统保险需事先评估损失的机制，只要极端天气、风暴超过一定强度就会理赔，以便更快速地修复其岸线防护的生态功能。具体来说，就是当规划区域内的风速超过 100 海里时，保险金就会自动赔付到信托中，让相

---

1   https://www.nature.org/en-us/what-we-do/our-insights/perspectives/insuring-nature-to-ensure-a-resilient-future/.

关人员可以迅速采取行动，开展如评估礁体受损程度、移除废弃物以及初步修复等工作，之后还可能需要负担长期的修复和养护工作（Berg et al., 2020）。与此配套的是 TNC 与 CONANP 联合发起的一项风暴灾害响应计划，近 80 名当地社区和旅游业从业人员组成了潜水志愿者响应计划小队，当有飓风过境后队员就会出动，评估和维护受损珊瑚礁。

2020 年 10 月，飓风德尔塔冲击了金塔纳罗奥州的海岸带，是自珊瑚礁投保以来当地首次受飓风影响，此次气象事件正式启动了世界上第一份珊瑚礁保险的赔付程序，赔付金约 80 万美元，用以修复沿岸的珊瑚礁和沙滩。飓风过境后，响应计划小队的志愿者们评估了珊瑚礁受损情况并启动了应急行动，在飓风登陆后的 11 天里在莫雷洛斯港珊瑚礁国家公园范围里固定了 1 200 株被掀翻或倾倒的体积较大的活体珊瑚；收集了 9 000 个破损的珊瑚碎块，并将它们移植到新建的珊瑚苗圃中。与此同时，珊瑚礁"灾后重建"工作也在该州多个珊瑚礁国家公园同步展开[1]。

为自然投保这一模式在保护自然的同时，利用基于自然的防灾减灾方案保证了人类社会的安全，也为解决海洋环境面临的挑战创造了创新的资金支持，在全球范围内都有可复制的价值和机会。目前，TNC 正在探索在美国夏威夷州和佛罗里达州为珊瑚礁投保的可行性，以确保当地珊瑚礁重要的海岸线防护功能免受飓风、海洋热浪和雨洪等灾害性事件的影响（Berg et al., 2020）。

1　https://www.nature.org/en-us/newsroom/coral-reef-insurance-policy-triggered/.

参考文献

Berg C, Bertolotti L, Bieri T, et al., 2020. Insurance for natural infrastructure: assessing the feasibility of insuring coral reefs in Florida and Hawai'i[R]. Arlington, Virginia: The Nature Conservancy.

Buckley R, 2009. Debt-for-development exchanges: the origins of a financial technique[J]. Law and Development Review, 2(1): 53-76.

Deutz A, Heal G M, Niu R, et al., 2020. Financing Nature: Closing the global biodiversity financing gap[R]. The Paulson Institute, The Nature Conservancy, and the Cornell Atkinson Center for Sustainability.

EIB, 2020. Investing in Nature: Financing Conservation and Nature-based Solutions[R].

FOLU, 2019. Growing Better: Ten Critical Transitions to Transform Food and Land Use[R].

FAO, 2016. The State of Food and Agriculture 2016: Climate Change, Agriculture and Food Security[R].

Glenn-Marie L, Quentin W, Kevin Carey, 2018. The Changing Wealth of Nations: Building a Sustainable Future[R]. Washington, DC: World Bank.

GSIA, 2016. Global Sustainable Investment Review[R].

Goreau T J, 1998. Coral Bleaching in The Seychelles Impacts and Recommendations. Preliminary Report[R].

IMF, 2020. Greening the Recovery. Special Series on Fiscal Policies to Respond to COVID-19[R].

Koester A, Migani V, Bunbury N, et al., 2020. Early trajectories of benthic coral reef communities following the 2015/16 coral bleaching event at remote Aldabra Atoll, Seychelles[R]. Scientific Reports. 10.

McWilliams A, Siegel D S, Wright P M, 2006. Corporate social responsibility: Strategic implications[J]. Journal of management studies, 43(1): 1-18.

N4C, 2020. Nature-Positive Recovery: For People, Economy & Climate[R].

Rangan K, Chase L, Karim S, 2015. The truth about CSR[R]. Harvard Business Review, 93(1/2): 40-49.

Silver J J, Campbell L M, 2018. Conservation, development and the blue frontier: The Republic of Seychelles'debt restructuring for marine conservation and climate adaptation program[J]. International Social Science Journal, 68(229-230): 241-256.

Tercek M, Adams J. Nature's Fortune[M]. 王玲，侯玮如，译．北京：中信出版社，2013: 65-88

TNC, 2018. The Science of Sustainability: exploring a unified path for development and conservation[R].

Zingraff-Hamed A, Hueesker F, Lupp G, et al., 2020. Stakeholder Mapping to Co-Create Nature-Based Solutions: Who Is on Board?[J]. Sustainability, 12(20), 8625.

曾贤刚，虞慧怡，谢芳，2014. 生态产品的概念、分类及其市场化供给机制 [J]. 中国人口•资源与环境，24(7):12-17.

高晓龙，林亦晴，徐卫华，等，2020. 生态产品价值实现研究进展 [J]. 生态学报，40(1):24-33.

郭子源，2020. 持续完善绿色金融激励机制 [N]. 经济日报，2(5): 10.

孔凡斌，2010. 中国生态补偿机制：理论、实践与政策设计 [M]. 北京：中国环境科学出版社．

马骏，2016. 全球绿色金融发展亟须应对五大挑战 [N]. 中国经济导报，09-07(B07).

孟丽君，王欢，2020. 我国绿色金融体系创新路径探究 [J]. 淮南职业技术学院学报，20(6):121-122.

邱慈观，2019. 可持续金融 [M]. 上海：上海交通大学出版社：8-47.

张兴，姚震，2020. 新时代自然资源生态产品价值实现机制 [J]. 中国国土资源经济，33(1):62-69.

中国证券投资基金业协会，2018. ESG 责任投资专题调研报告 [R]. 北京：中国证券投资基金业协会．

附表　方法和工具清单

方法	工具/报告	简介	链接
自然保护投融资	保护融资平台——投资自然 NatureVest	虽然慈善事业和公共资金长期以来对保护自然资源至关重要，但当前越发严峻的环境挑战需要大量额外的资金来源。2014 年，在摩根大通的支持下，TNC 成立了 NatureVest 中心，使命是通过在森林、海洋、农业、淡水、城市绿色基础设施等领域创造投资机会，为投资者带来环境效益和经济回报，吸引私人资本在世界各地投入保护工作	https://www.nature.org/en-us/about-us/who-we-are/how-we-work/finance-investing/naturevest/?intc=nvest.header.logo&tab_q=tab_container-tab_element
	融资自然：缩小全球生物多样性的融资缺口 Financing Nature: Closing the Global Biodiversity Financing Gap	该报告由保尔森基金会、TNC 和康奈尔大学可持续发展中心共同发布，全面评估了迄今为止全球生物多样性保护的投入，在日益复杂的全球挑战下未来的生物多样性保护资金缺口以及如何运用多样化的资金机制填补缺口	https://www.nature.org/en-us/what-we-do/our-insights/reports/financing-nature-biodiversity-report/

方法	工具/报告	简介	链接
自然受益型经济发展	未来发展风险地图 Future Global Development Risk	在接下来的 20 年里，数万亿美元的发展资金将被投资到世界各地的新能源、采矿和基础设施项目上。这些投资有助于推动经济增长，提高生活质量，使人们摆脱贫困，但它们也会带来巨大的环境和社会影响，尤其是在原始自然地区。该评估预测了全球最具发展潜力包括 4 个主要产业类别：农业、化石燃料、可再生能源以及采矿业的发展给自然带来的风险	https://gdra-tnc.org/future/
	发展系统规划 Development by Design	发展系统规划是 TNC 全球开发的一套引导开发工程最小化生态影响的规划方法，可以帮助开发工程识别潜在的生态风险，引导其规避高生态价值区域，指导补偿资金更有效的为生态修复和保护服务。TNC 中国的新能源选址规划项目运用 DBD 方法，于 2018 年发布了《生态友好的中国可再生能源发展空间布局（2016-2030）》报告，评估了中国已有的集中式风能和光伏发电项目的潜在生态影响，并对近中期生态友好的集中式风能和光伏发电发展空间布局进行规划建议	http://tnc.org.cn/edm/0611.pdf
	自然受益型复苏报告 Nature-Positive Recovery	面对 COVID-19 疫情后的全球经济复苏，该报告提出三个复苏原则：不伤害自然；正确评价自然生态系统提供的各种效益，以及它们在建设可持续经济和社区方面发挥的作用；认识到 NbS 对经济的直接贡献及其带来的附加效益	https://nature4climate.org/nature-positive-recovery/

更多报告的延伸阅读：https://www.nature.org/en-us/what-we-do/our-insights/blue-growth/;
https://www.nature.org/en-us/what-we-do/our-insights/finance-investing/;
https://www.nature.org/en-us/what-we-do/our-insights/corporate-practices/;
https://www.nature.org/en-us/what-we-do/our-insights/energy/